CLOTHING
SENSIBILITY SCIENCE

감성의류과학

감성의류과학

CLOTHING SENSIBILITY SCIENCE

조길수 · 박혜준 · 이유진 지음

교문사

의류학을 전공하는 사람이라면 누구나 "아름답고 쾌적하면서 자신의 마음에 드는" 의류를 디자인하고 제작하여 자신도 입고 타인에게도 입히는 것이 의류학의 목적임을 안다. 이 목적은 급속하게 발전하고 있는 첨단과학기술과 정보통신기술에 의해 실현 가능성이 점점 높아지고 있으나, 의류 제품의 '아름다움', '쾌적함', 그리고 '마음에 듦'이라는 감성적 영역에 대한 명확한 정의가 모호하여, 이들 감성적 영역을 다루는 구체적인 방법에 대한 논의가 매우 필요하다.

감성의류과학은 감성과학을 의류학에 접목하여 오감을 만족시키는 이상적인 의류 제품을 설계하고 평가하기 위한 과학적이고 체계적인 방법을 제공하는 학문이다. 감성의류과학은 최근 주목을 받기 시작하여, 의류의 디자인, 쾌적성, 착용성, 그리고 심미성 등의 설계 및 평가에 널리 활용되고 있다. 감성의류과학을 잘 활용하기 위해서는 명확하고 획일화된 정의가 어려운 '감성'과 '감성과학'에 대한 인문·사회과학적 이해를 바탕으로, 과학적이고 공학적인 방법론에 대한 지식을 동시에 겸비해야 한다. 이렇게 할 때 합리적이고 과학적인 활용이 가능하다. 따라서 이 책은 감성과학에 대한 지식과 이를 바탕으로 한 감성의류과학에의 활용에 대해 의류학 전공자들에게 소개하고 전달하는 것을 일차적 목적으로 한다. 또한 차츰 학문 간의 융복합으로 인한 새로운 지식의 창조가 필요해짐에 따라, 이를 위한 하나의 지침서 역할을 하는 데 그 부차적 목적이 있다.

이를 위해 저자들은 직물의 소리 연구를 위한 감성과학적 연구와 의복의 쾌적 감성에 대한 삼차원적 연구를 해온 그 동안의 경험을 바탕으로 논의에 논의를 거듭하여 이 책의 내용의 범위와 수준을 정하였다. 또한, 저자들이 학부와 대학원에서 감성의류과학 관련 강의를 해 온 경험과 노하우를 바탕으로 이 책의 목차와 용어 그리고 내용 전개 방식 등을 결정하였다.

이 책은 총 4부 13장으로 구성되어 있다. 1부는 감성의류과학의 기초를 이해하기 위해 감성과 감성과학, 감성의 원리 그리고 인간의 감각을 살펴보았다. 2부는 감성평가방법을 크게 3가지, 심리적·경험적 감성평가, 생리적 감성평가, 행위적·물리적 감성평가로 나누어 살펴보고, 이를 통해 얻은 감성데이터를 분석하기 위해 활용되는 통계분석방법에 대해 다루었다. 3부는 감성의류과학을 의류의 시감성, 촉감성, 청감성, 후감성, 그리고 공감성 디자인으로 나누어 그동안 인간의 감각과 의류과학의 연계를 다룬 연구들을 바탕으로 의류의 감성디자인에 대해 설명하였다. 4부는 감성과학적 제품 디자인에 대한 설명으로, 감성과학적 제품 디자인 어프로치와 감성 제품 디자인을 사례 중심으로 제시하였다.

이 책의 출판을 위해 많은 분들이 수고와 노력을 아끼지 않았다. 먼저 연세대학교, 충남대학교, 전북대학교 의류학과 학부와 대학원에서 감성의류과학 관련 강의를 통해 이 책의 내용을 구성하는 데에 많은 영감과 아이디어를 얻을 수 있었기에 감사의 뜻을 전한다. 그리고 원고 정리를 위해 수고한 연세대학교 감성의류개발연구실 조교들에게 감사의 뜻을 전한다. 끝으로, 이 책의 출판을 위해 그 취지를 이해하시고 선뜻 출간해 주신 교문사의 류원식 대표께 감사 드린다. 앞으로 이 책이 더욱 알차게 발전할 수 있도록 독자제현의 많은 조언과 관심을 바란다.

2019년 3월
저자 조길수, 박혜준, 이유진

차례

1부

감성의류과학의
기초

1부에서는 감성의류과학이라는 새로운 학문을 이해
하기 위해 필요한 기초 지식들을 다룬다.

1장에서는 감성의류과학의 배경이 되는 감성과 감성
과학의 개념을 다루고, 감성 마케팅의 필요성과 활
용 가능성을 다룬다.

2장에서는 감성과학의 핵심이라고 할 수 있는 인간
의 마음과 감성전달 원리를 다룬다.

3장에서는 인간의 감성입력정보로써의 감각인 오감
에 대해 다룬다.

1장
감성과
감성과학

학습목표

1. 감성과 감성과학의 정의, 필요성 및 배경에 대해 알아본다.
2. 감성의류과학의 필요성에 대해 학습한다.
3. 감성 마케팅의 개념에 대해 학습한다.
4. 감성 마켓과 의류 산업의 연계에 대해 알아 본다.

미래학자 롤프 옌센(Rolf Jensen)은 21세기를 살고 있는 현대인은 꿈과 이야기를 중시하는 감성 사회 속에서 '삶의 질'을 중시하는 생활을 하게 될 것이라고 하였다. 감성 사회는 이론을 바탕으로 한 지식이나 합리적인 사실의 정보가 아니라, 꿈을 심어 주는 감성이 살아 숨 쉬는 사회를 말한다.

글로벌 시대의 경쟁력 요구, 소비자 감성 중심의 마켓 환경, 기업의 문화 마케팅 등 감성 마켓으로의 변화로 의류산업에서도 당연히 소재와 형태의 기능이나 품질, 디자인뿐만 아니라 착용자의 감성 욕구를 만족시켜 줄 수 있는 감성 의류 개발의 필요성이 부각되고 있다. 예로서 베네통의 자체 R&D센터인 '파브리카'는 젊은 세대의 미에 대한 감성과 열정을 끌어 모으기 위해 전세계에서 25세 이하의 직원들을 선발, 기숙사와 장학금을 제공하면서 꿈과 이야기를 모으고, 집약된 아이디어는 패션 의류, 속옷, 스포츠용품, 향수 등 베네통 제품과 광고에 적용하여 마켓을 공략하고 있다. 이와 같이 현대의 의류산업은 감성 마켓의 개념이 도입되어 제반 산업, 광고, 판매에 이르기까지 확대일로에 있다. 또한 연계 산업 전반에 걸쳐 상호 영향을 미치면서 인접 학문간 융합과 새로운 가치 창출 제품을 위한 연구 개발이 활발하게 진행되고 있다.

1장에서는 감성의 개념과 감성과학의 정의 및 필요성 그리고 이에 기반을 둔 감성의류과학의 필요성에 대하여 살펴보고자 한다. 또한 감성 마케팅의 개념과 감성 마켓과 의류 산업의 연계에 대해 학습하고자 한다.

정의 1

감성이나 감정과 같이 애매한 것은 철학이나 심리학의 연구 대상으로 간주하여 과학의 대상에서는 제외하였으나, 1990년대 감성과학이 대두되면서 과학적인 측면에서의 감성에 대한 접근이 이루어지기 시작했다. 감성과학의 연구대상인 감성에 대하여 살펴본다.

1) 감성

국립국어원의 표준국어대사전에서는 감성을 '자극이나 자극의 변화를 느끼는 성질'로 정의하고 있다. 그러나 이 사전적 의미만으로는 과학의 한 범주인 감성을 정의하기에는 미흡하다. 감성에 대한 정의는 각 분야에 대한 경험이나 지식을 바탕으로 어떻게 이해하느냐에 따라 달라질 수 있다. 따라서 감성을 다루는 철학, 심리학, 미학, 감성과학 등의 다양한 분야에서 서로 다른 정의를 내릴 수 있다. 감성과학에서는 감성 그 자체에 대한 지속적인 연구 성과를 바탕으로 감성의 특성을 구체화시키면서 정의를 완성시켜 나가는 중이므로, 우리가 감성을 단정적으로 정의하는 것은 무리가 있다고 생각된다. 감성은 어느 분야의 연구인지에 따라 다양한 정의가 가능하며 포괄적인 의미를 지닌다.

감성

- 외부의 물리적 자극에 의한 감각 또는 지각으로부터 인간의 내부에서 일어나는 고도의 심리적 체험으로써 쾌적감, 고급감 등의 복합적인 감정
- 외부로부터의 감각정보에 대하여 직관적이고 반사적으로 발생되는 복합적인 감정
- 여러 가지 감각이 합성되어 종합된 것으로 생리적인 특성을 중시하는 감각과 심리적인 특성으로서의 느낌이 다중으로 통합된 것
- 정보화 사회에서 다른 사람이 느끼거나 생각하고 있는 것을 받아들이는 능력, 즉 정보를 취득하고 지각하고 인지하고 거르는 능력
- 다른 사람의 마음을 이해하고, 타인에게 자기의 마음을 전달하는 능력

---

2) 감성과학

감성과학은 다양한 분야의 첨단과학기술의 발전을 배경으로 감성과 과학을 연결시키려는 시도이다. 유명한 디자이너가 디자인에 대한 이미지만으로 구체화시킨 아름다운 스케치의 뒤에는 분명히 어떤 법칙이 있을 것이라는 믿음과 소비자의 감성에 적합한 제품의 세계에도 원칙이 있을 것이라는 확신을 가지고, 디자이너와 소비자의 머리 속을 들여다보고 싶다는 생각에서 감성과학이 출발했다고 할 수 있다.

인간의 마음속에 있는 제품에 대한 이미지를 파악한다는 점에서는 심리학, 이미지를 구체적으로 형태화한다는 점에서는 디자인, 이미지를 형태화하는 동안에 일어나는 디자이너의 머리 속을 들여다본다는 점에서는 심리생리학/뇌 과학, 형태화된 것을 현실에서 구현할 수 있는 물리량을 추출해 낸다는 점에서는 과학, 그리고 사람들이 매력적으로 느껴 구매에 이르도록 하는 전략을 개발한다는 점에서는 마케팅과 관계가 있다. 이와 같이 감성과학은 〈그림 1-1〉과 같이 학제적 연구를 전제로 한다. 그래서 다양한 입장에서의 감성과 과학을 연결하기 위해 다루어야 할 정보의 종류와 형태도 그 만큼 많고 복잡하다.

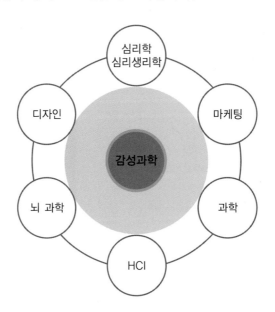

그림 1-1
학제적 연구를
전제로 하는 감성과학

감성과학의 배경 2

감성과학은 생산자 또는 소비자의 제품에 대한 개념 변화에 의해 대두되기 시작하였으며, 여기에 첨단기술을 바탕으로 하는 급격한 산업 패러다임의 변화와 뇌과학의 발달이 감성과학의 대두를 촉진시키는 배경이 되었다. 이들 배경을 구체적으로 살펴보면 다음과 같다.

1) 개성표현제품 구현

나가마치(Mizuo Nagamachi) 교수는 제품에 대한 소비자의 강한 구매 욕구와 기업의 대량생산 체계가 맞물려 최고의 경기 호황을 누리고 있던 1970년대의 일본 경제 상황 속에서 미래의 제품에 대해 고민하였다. 그는 대량생산 대량구매 시스템에서 과잉 공급된 제품으로 소비자들의 구매 욕구가 양적으로 충족된 이후에는 품질에 대한 욕구가 생성되어 품질이 좋은 제품만 찾게 되고, 그 결과 품질의 평준화가 이루어져서 소비자 중심의 제품을 생산할 수 있는 맞춤형 대량생산 체계로 전환할 것으로 생각하였다. 또한 그는 맞춤형 대량생산의 시대 다음에는 양적 질적 구매 욕구를 넘어 개성 표현이 가능하도록 감성이 잘 반영된 제품의 시대가 올 것이라고 생각하였으며(그림 1-2), 제품 설계에 감성을 도입하기 위해서는 감성과 감성과학에 대한 연구가 필요함을 주장하였다. 더 나아가 최근에는 제4차 산업

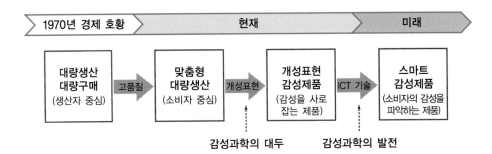

그림 1-2
나가마치의 개성표현
제품과 감성과학의 발전

혁명의 바람이 불어오면서 ICT 산업의 기술혁신이 일어남에 따라 소비자의 감성을 파악할 수 있는 스마트한 감성제품이 주목 받고 있다. 특히 인공지능(Artificial intelligence)의 등장으로 감성이나 감정을 알고리즘으로 만들어 인공지능 로봇에게 학습시키고 감성을 부여하는 기술이 개발되고 있다. 이로 인해 소비자를 다독이며 공감하는 로봇이 등장하고 인간과 로봇 간의 감정적 교류가 이루어질 수 있을 것이다.

감성을 제품 제작에 도입한다는 것은 인간 중심의 제품을 제작하는 것이다. 이때 제품을 디자인하고 설계할 때 감성과 창의성의 적절한 균형이 이루어져야 한다. 제품의 디자인이나 설계 요소가 소비자의 감성을 60~70% 반영하고 나머지는 새로운 획기적인 감성을 반영하였을 경우 소비자는 이를 좋은 제품, 우수한 제품으로 인정하게 되어 구매로 이어진다. 이때 60~70%의 감성요소는 감성과학을 통해 분석하고 나머지 30~40%의 요소는 디자이너의 창의성에 의해 형성되어야 한다. 소비자들은 제품의 80~90%가 그들의 감성에 일치해도 신선함이나 독창성이 없다면 식상한 제품으로 느낀다. 반대로 소비자의 감성과 일치하는 부분이 10~20%뿐이고 80~90%가 디자이너의 창의성에 의해 만들어진다면, 미래제품으로 느낄 뿐 사고 싶다는 욕구는 느낄 수 없다.

2) 산업패러다임의 변화

제품에 대한 인간의 소비, 소유, 구매의 욕구에 기초한 취득경쟁원리와 단순히 소

표 1-1
21세기 감성시대로의
진입과정(삼성경제연구소)

시대 구분	생산(1970~1980년대)	기술(1990년대)	기술+감성(2000년대)
소비자 니즈	단순, 획일	신제품+고기능 선호	차별성, 감성 중시
구매결정 요인	가격, 품질, 대량 확보, 다품종	소형(대형), 고기능 디지털, 친환경	디자인, 사용편의성, 복합화, 콘셉트, 색상, 매력과 브랜드 이미지
기업 대응	대량생산과 원가절감	기존 기술 고도화 첨단 신기술 개발	소프트 강화를 통한 소비자 감성, 다른 업종 기술 접목, 디지털 컨버전스
업종 사례	의류, 제지	메모리, 신약, 대형평면 TV	향기 나는 자동차 주얼리, 휴대폰

비하고 소유하다 버리는 일상적인 형태에서 벗어나, 이제는 제품을 자기 표현의 수단으로 활용하거나 제품과의 커뮤니케이션으로 행복을 공유하는 것으로 가치를 부여하는 의식의 변화가 일어나고 있다.

아름다움, 풍요로움, 즐거움과 같은 개인의 마음을 감동시키는 가치가 있는 제품을 생산하는 기술이면서 물건을 만드는 사람의 입장에서도 행복감을 가질 수 있는 기술로 변하고 있다. 뿐만 아니라 제품이 소비대상을 대중에서 개인으로 전환하는 기술과 생산성 향상을 위한 고효율이나 합리성에서 탈피하여 지구환경 등에 합리적이고 효율성 있게 대응할 수 있는 기술을 중요시하는 변화가 일어나고 있다.

기존의 제품가치를 결정하는 척도는 그 제품이 가지는 기능과 성능의 우수성이었으나, 최근 들어 기술발전에 힘입어 대부분 제품의 기능과 성능이 평균화됨에 따라 제품이 가지고 있는 감성적 우수성이 그 제품의 가치를 결정하는 중요한 척도가 되었다.

〈표 1-1〉은 한국산업발전의 특징을 나타낸 것으로, 생산시대, 기술시대, 그리고 기술+감성시대의 3단계로 분류하여 각 시대별 소비자의 요구, 제품의 구매결정 요인, 기업의 대응 그리고 업종 사례를 분석한 것이다. 여기서 보는 것과 같이 우리가 생활하고 있는 현재는 감성을 중시하고 차별화된 개성을 중요시하는 기술과 감성의 시대이다.

3) 뇌 과학의 발달

감성이나 감정과 같은 것은 과학의 대상에서 제외되었으나, 이제는 인간의 대뇌가 과학적으로 해석되는 시대가 되어 감성을 과학적으로 다루는 것이 가능해졌다. 디자이너의 손에서 나오는 조형에도 원리원칙이 있듯이 소비자의 감성요소에 적합한 제품의 세계에도 원리원칙이 있을 것이다. 이러한 관점에서 감성과학은 소비자의 감성을 파악하여 그것과 제품설계와의 관계를 알기 쉽게 데이터베이스로 만들고 언제든지 그것을 사용하여 제품개발이 가능하도록 하는 시스템이라고 할 수 있다.

3 감성과학과 감성의류과학의 특성

감성과학이 갖는 특성에 대한 이해는 감성을 활용한 연구에 있어서 매우 중요하다. 감성의류과학은 의류만이 갖는 독특한 특성이 더해져서 일반적인 감성과학의 특성과는 차이를 나타낸다. 이러한 특성의 이해는 관련 연구를 진행하는 과정에서 연구 설계와 분석방법을 선정하는 데 있어 중요한 역할을 한다.

1) 감성과학의 특성

감성과학은 사용자가 원하는 제품에 대한 "이런" 이미지와 설계자가 가지고 있는 "저런" 이미지를 제품으로 만들기 위해서 구체적인 설계 요소, 즉 색, 스타일, 형태, 기능, 소재 등을 어떤 것을 사용하는 것이 적절한가를 추출해 내기 위한 방법이라고 할 수 있다. 감성을 구체화시키기 위해서는 대상이 되는 제품의 감성에 대한 정보를 분석하고, 대상의 특성으로부터 추출한 물리적 정보를 최종적인 설계 사양인 물리량으로 바꾸는 과정이 필요하다. 우리는 이러한 정보들을 감성평가대상인 제품이나 사람 또는 환경으로부터 오감(시감, 청감, 촉감, 후감, 미감)을 통해 전달되는 자극의 형태로 받아들이는데, 이를 감성정보라고 한다. 감성정보는 심리적·생리적·물리적 정보로 나뉘며 이들은 다양한 특성을 지닌다.

감성정보는 4개의 특성이 있다. 첫 번째 특성은 동일한 대상이 사람에 따라 다르게 평가되거나 해석될 수 있는 주관성이다. 두 번째 특성은 주관성의 결과로 나타나는 것으로 동일한 어휘나 데이터가 2가지 이상의 의미를 지니는 다의성이다. 세 번째 특성은 감성을 언어로 표현하였을 때, 동일한 언어가 사람에 따라 다르게 해석되는 경우가 있어 그 의미가 명확하지 않은 애매함이다. 그리고 네 번째 특성은 물리적 측정이 간단한 단일 정보에서부터 측정이 곤란한 복합 정보가 혼재하는 다각성이다. 따라서 감성과학에서는 이러한 감성정보의 다양한 특성을 고려하여 그 활용 목적에 따라 이를 주의해서 사용해야 한다.

2) 감성의류과학의 특성

감성정보의 특성에 대한 이해를 바탕으로, 우리가 감성과학을 적용하려는 대상인 의류제품이 갖는 감성은 다른 제품과 공통적인 특성을 지니기도 하지만 의류만이 가지는 특성이 존재한다. 의류만이 가지는 감성의 특성을 이해하는 것은 감성의류과학에서 평가방법, 평가도구 및 분석방법을 설정하고 평가를 진행함에 있어서 주의하고 고려할 부분을 파악할 수 있게 해 준다.

(1) 감성표현의 애매모호함

원래 감성은 마음속에 품고 있는 이미지이다. 그것을 다른 사람이 같은 이미지로 받아들일 수 있도록 단어, 표정, 그림(디자인), 음악 등으로 구체화하는 것을 감성표현이라고 한다. 이 감성표현은 그 자체가 다른 사람들의 이미지와 일치할지 여부가 명확하지 않기 때문에 측정함에 있어 여러 가지 어려움이 있다. 의류의 감성을 표현하는 매개 중에서 언어, 즉 형용사나 명사로 표현하는 것은 아주 보편적인 커뮤니케이션 방법으로 가장 많이 사용되고 있다. 특정한 의류제품을 보고 그 감성을 언어로 표현하거나, 지금부터 사고 싶은 제품 또는 아직 만들어지지 않은 제품의 감성을 언어로 표현하였을 때 사용되는 언어를 "감성언어"라고 한다. 감성을 구체적으로 표현하는 감성언어는 복합적이고 종합적인 느낌으로 명확한 표현이 어렵고 애매모호한(ambiguous) 동시에, 개인과 환경에 따라 다양하게 변화한다.

(2) 기본적 감성과 변화하는 감성

감성표현의 애매모호함에서 감성표현 자체가 개인이나 환경변화에 영향을 받기 때문에 의류에 대한 감성은 시·공간적으로 끊임없이 변하는 것으로 생각된다. 그러나 그 변화의 상대적인 정도에 따라 변하는 감성과 기본적인 감성으로 나눌 수 있다. 변하는 감성은 유행과 관련된 감성과 같이 그 시대와 환경을 반영하여 지속적으로 변하는 것을 의미한다. 기본적인 감성은 의류 색채의 감성과 같이 거의 변하지 않는 감성을 의미한다.

(3) 종합적 감성과 부분적 감성

의류의 감성이란 전체적 또는 종합적인 인상이기도 하며, 구성하는 요소(element)로부터 느끼는 부분적 인상이기도 하다. 이것은 우리가 슈트를 보고 "시크(chic)한 슈트입니다"라고 말한 경우, 슈트 전체의 인상으로 "시크"라는 전체적인 감성을 느끼면서, 한편으로는 슈트의 옷깃형태, 단추의 수, 포켓의 디자인 등과 같이 각 부분에 따라 전체적인 감성과는 다른 감성들을 느끼게 되는 것을 의미한다. 동일한 의류 아이템 내에서도 전체적인 실루엣, 디테일(옷깃, 단추 등), 소재에 따라 다른 감성을 갖는다. 즉 의류를 하나의 제품으로 생각했을 때 많은 요소로 분해 가능하며 이들 요소들은 각각 나름의 이미지(감성)를 갖는다. 이렇게 의류감성은 각각의 감성을 가지고 있는 디자인 요소들이 조합되어 만들어내는 종합적인 감성이다.
　이러한 의류감성의 특성을 고려하면서 감성과학적인 방법으로 의류제품을 설

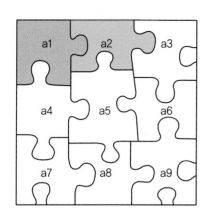 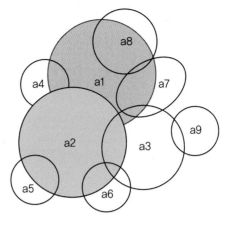

그림 1-3
전체적 감성과 부분적
감성을 고려한 감성평가

계하기 위해서는, 많은 의류설계 요소 중에서 어떤 요소가 전체의 감성에 크게 공
헌하는가를 먼저 파악하고, 중요한 요소에 주의하면서 이를 제품설계에 활용하는
것이 중요하다. 따라서 ① 의류를 구성하고 있는 요소들을 분해해서 추출하여, ②
각 요소들이 갖는 각각의 감성을 인식하면서, ③ 표현하고자 하는 감성을 잘 나타
내는 요소들을 활용하여 전체의 제품을 설계하는 순서를 따라야 한다. 이 개념을
그림으로 나타내면 〈그림 1-3〉과 같이 A라는 제품을 a1~an의 요소로 분해할 수
있다면, 이들 요소 중에서 특정한 감성에 크게 작용하는 것이 a1과 a2라는 요소임
을 알 수 있다. 따라서 A제품에는 특정한 감성을 표현하기 위해 a1과 a2 요소가 반
드시 포함되어야 하며 그 크기나 비중을 크게 해야만 한다.

감성의류과학의 정의와 필요성 4

감성의류과학은 지금까지 설명한 감성과 감성과학의 개념을 의류학에 접목시킨
것으로, 의류학에서 감성의류과학에 대한 연구가 필요한 배경을 크게 3가지로 설
명할 수 있다. 의류제품은 대량생산 시스템을 갖추기 이전에는 특정인의 취향과
인체 특성을 고려한 맞춤복이 주를 이루었으며, 미술공예의 개념을 띠고 있으면
서 생산은 가내 수공업 방식을 취하였다. 맞춤형 의류는 입을 사람과 만드는 사람

사이의 충분한 커뮤니케이션을 통해 디자인이 결정되었으며, 제작과정에서도 맞음새에 대한 입는 사람의 평가를 만드는 사람이 피드백하여 보정하거나 수정하여 의류를 완성하였다. 그러나 대량생산 시스템은 대상이 되는 불특정 다수의 기호를 고려한 디자인, 대상의 평균 체형을 기준으로 한 패턴, 그리고 작업지시서를 근거로 기계화된 생산설비를 이용한 제작의 형태를 띠고 있다. 이때 디자인하는 사람, 패턴을 만드는 사람, 봉제하는 사람, 판매하는 사람, 그리고 입는 사람이 다 다르기 때문에 맞춤형 의류와 비교하면 커뮤니케이션의 부재가 발생한다.

최근 급속하게 확산되고 있는 첨단 의류생산 시스템의 커뮤니케이션 부재를 해결하기 위해 감성의류과학이 필요하다. 정보화 사회에서의 감성을 다른 사람이 느끼거나 생각하고 있는 것을 받아들이는 능력이라고 표현할 수 있으므로, 이를 다르게 표현하면 정보화시대의 감성은 커뮤니케이션의 능력을 의미하므로 최첨단의 의류생산 시스템에서는 의류감성에 대한 연구를 통해 커뮤니케이션의 부재를 해결할 수 있다. 이것이 의류에 대한 감성 연구, 즉 감성의류과학에 대한 연구가 필요한 첫 번째 이유이다.

최첨단의 의류생산 시스템을 이용하여 소비자가 원하는 의류제품을 구입하려고 할 경우, 소비자는 먼저 3차원 인체계측을 실시하고 그 데이터가 담긴 카드를 매장의 컴퓨터에 입력한다. 그리고 디자인, 색과 무늬, 의류소재 등이 들어 있는 데이터베이스에서 자신이 원하는 조건이 결정되면, 소비자는 컴퓨터 상에서 자신의 3차원 인체계측 데이터로 만들어진 인체 모델에게 앞서 선택한 의류제품을 가상 착의시켜 디스플레이 상에서 착용한 모습 또는 런웨이를 걷고 있는 모습을 확인한다. 그 모습이 마음에 들면 바로 모든 데이터가 디지털화되어 생산공장에 전

인간의 감성의류과학의 필요성
- 첨단 의류생산 시스템에서의 커뮤니케이션 부재 해결을 위해
- 의류 생산 관련 전문가가 축적한 노하우의 디지털 데이터화를 위해
- 과학적 평가를 통한 인간친화적인 의류제작을 위해

송된다. 생산공장에서는 자동봉제시스템을 이용해서 1~2일만에 의류제품을 완성하여 소비자에게 전달하는 것이 가능하게 될 것이다.

이와 같이 최첨단의 의류생산 시스템을 구성하기 위해서 무엇보다 선행되어야 하는 것이 의류생산과 관련된 모든 일련의 과정의 디지털 데이터화이다. 3차원 인체계측은 3차원 측정만으로 디지털 데이터로 입력이 되고, 색이나 무늬 역시 측색계나 디지타이저 또는 컴퓨터 그래픽 툴을 이용하면 바로 디지털 데이터화할 수 있다. 그러나 어떤 디자인·소재·패턴·봉제를 선택해서 조합하면 최종적으로 완성된 의류의 실루엣이 어떨까? 어떤 사이즈의 의류가 어떤 체형에 잘 맞고 어울릴까? 어떤 디자인과 소재가 특정한 환경이나 운동 조건에서 쾌적하고 인체의 기능을 향상시킬까? 하는 정보는 각 분야의 숙련된 전문가들이 그들의 경험과 지식의 축적에 의해 만들어진 노하우(know how)에 의존해서 판단했기 때문에 디지털 데이터화하는 것이 어렵다. 그렇다면 최첨단의 의류생산 시스템에서 숙련된 전문가들이 가진 경험과 지식 그리고 이를 바탕으로 하는 노하우를 디지털 데이터화할 수 있는 방법은 무엇일까?

전문가들의 경험과 지식을 통한 노하우의 디지털 데이터화 과제에 대한 해결책은 첨단 의류생산 시스템의 각 단계에서 요구되는 전문가들의 노하우를 정량화하고 체계화시킬 수 있는 방법을 개발하는 것이다. 전문가들의 노하우라는 것은 그들의 지식을 바탕으로 물리적인 정보와 경험을 바탕으로 형성된 감각적인 정보가 다양한 상황들 속에서 체험을 통해 복합적으로 체계화된 것이라고 할 수 있다. 이는 앞서 언급한 감성의 정의를 살펴보면 외부의 물리적 자극에 의한 감각 또는 지각으로부터 인간의 내부에서 일어나는 고도의 심리적 체험으로써의 복합적인 감정과 일맥상통함을 알 수 있다. 따라서 의류생산 관련 모든 과정의 정보를 디지털 데이터화하기 위해서는 숙련된 전문가의 노하우에 의존하는 정보를 감성과학적 방법을 통해 정량화시키고 체계화시키는 연구가 진행되어야 한다. 이것이 의류에 대한 감성, 즉 감성의류과학에 대한 연구가 필요한 두 번째 이유이다.

최근 우리나라를 비롯한 많은 나라들이 고령화 사회로 진입하여 노인 인구 비율이 전체 인구의 14%를 넘어서고 있어 노화에 따른 노인들의 신체적 특성을 고려한 노인복에 대한 연구가 요구되고 있다. 또한 경제적 풍요와 과학의 발달로 삶의 질이 향상됨에 따라 모든 사람들에게 안전하고 쾌적한 환경을 만들겠다는 유니버설 디자인(universal design)이 대두되어 최근에는 연령이나 성별, 장애의 유무에 관계없이 모든 사람들이 쾌적하게 생활할 수 있는 의류환경 실현을 목표로 하는 유니버설 패션이 등장하고 있다. 이와 같이 다른 신체적 특성을 가진 사람들의 개성을 표현하고 기호에 맞는 인간 친화적인 의류제품을 제작하기 위해서는 그들의 신체적, 정신적 특성을 체계적이고 합리적으로 측정하고 이를 의류 설계 및 제작에 적용시킬 수 있는 방법에 대한 연구가 필요하다.

인간 친화적 의류제품을 만들기 위해서 기존의 의류환경학이나 인간과학 등을 이용하여 쾌적한 착용감의 의류제품 제작에 필요한 신체적 특성을 평가하였다. 그러나 인간 친화적인 의류제품의 쾌적성이나 착용감도 인간의 감각에 작용하는 물리·화학적 현상일 뿐만 아니라 운동기능적, 온열환경적, 의복구성학적, 심미적인 요인들이 복합적으로 작용하여 이루어진다. 따라서 인간 친화적인 의류제품 개발을 위한 방법으로 신체적 감각은 물론 다양한 복합적인 요인들을 과학적으로 평가할 수 있는 감성과학이 기대된다. 이것이 의류에 대한 감성, 즉 감성의류과학에 대한 연구가 필요한 세 번째 이유이다.

5 감성 마케팅

감성과 감성과학의 이해를 돕기 위해 감성을 응용한 친숙한 분야에 대하여 먼저 살펴보자. 감성을 다룰 친숙한 분야를 결정하기 위해서 인터넷 상에서 "감성"을 키워드로 검색하면 감성 마케팅, 감성미학, 감성 디자인, 감성경영 등이 연관 검색어로 나타난다. 누구나 한번쯤은 들어본 적이 있는 〈감성 마케팅〉에 대해 알아보면서 그 속에 포함되어 있는 〈감성〉에 대해 생각해 보기로 한다.

"좋은 제품인데 팔리지 않는다"라고 할 때 여기서 말하는 〈좋은 제품〉은 품질(성능/기능), 신뢰성, 가격과 같은 가치를 만족시키는 것이라고 할 수 있다. 그러나 현재 〈좋은 제품〉에 요구되는 이들 가치들은 거의 평준화 또는 표준화되고 있기 때문에, 생산자가 아무리 좋은 제품이라고 믿고 만들어도 소비자가 공감하는 정도가 낮으면 제품은 팔리지 않아 그 경제적 가치를 실현하지 못하게 된다. 따라서 소비자들이 사고 싶어하는 〈좋은 제품〉에는 기존의 가치들 외에 새로운 관점에서 제품의 가치를 만들어 내는 것이 필요하다.

1) 감성가치

〈좋은 제품〉에 새로운 가치를 만들어낼 수 있는 키워드는 무엇일까? 그것이 바로 "감성"이다. 〈좋은 제품〉에 감성적인 가치를 포함시킬 수 있다면 높은 품질, 높은 신뢰감 그리고 합리적 가격을 뛰어넘어 사람들의 감성에 영향을 미쳐 감동이나 공감을 불러일으키는 〈좋은 제품〉을 만들 수 있을 것이다. 최근 일본에서 소비자들의 감성에 호소하여 감동이나 공감을 얻어내어 소비자들이 만족스럽게 대가를 지불하는 경제가치를 감성에 의해 창조되는 감성가치라고 표현하기 시작했다. 〈그림 1-4〉에 나타낸 것과 같이 제품이 가성가치를 지닐 수 있게 되면, 기존의 고기능, 신뢰성 그리고 저가격 등의 가치 요소를 뛰어넘는 $+\alpha$ 가치, 즉 감성가치를 통

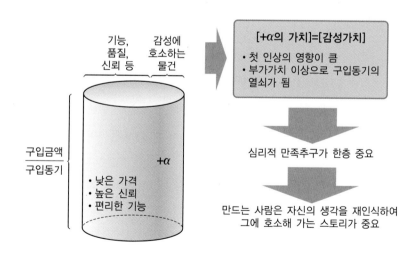

그림 1-4
감성가치

해 소비자의 감성에 호소하여 제품에 대한 사용자의 애착과 구매욕구를 높일 수 있다. 그 결과 소비자의 심리적 만족을 한층 더 충족시켜 잘 팔리는 좋은 제품이 된다.

2) 마케팅에서의 감성우위

인간의 의식체계는 머리의 이성적 사고체계와 마음의 감성적 사고체계로 나뉘어 있다. 대부분의 상황에서 이성적인 면과 감성적인 면이 통합된 감성으로 사물을 파악하고 있기 때문에 생활 속에서 이 2가지를 명확하게 나누기는 힘들며, 두 영역이 서로 잘 조화를 이루어 삶을 적절히 영위할 수 있도록 돕고 있다.

마케팅에서 이성에 기초한 신고전주의 경제학(new classical economics)은 소비자가 제품의 우수한 성능 등에 근거해 의사 결정을 내리는 합리적인 존재라고 생각하고 제품의 특징과 장점 등의 차별화를 중요시하였다. 이러한 관점에서는 제품에 대한 이성적 근거를 제시하는 것이 사람들을 가장 잘 납득시킬 수 있는 방법이라고 생각하고 오랫동안 이와 관련된 연구를 진행해 왔다. 그 결과 대부분의 마케팅은 이성을 과대평가하여 가장 효과적인 방법이라고 생각하였다. 그러나 최근 이성적 사고체계는 신체 기능과 간접적으로 연결되어 있으나, 감성적 사고체계는 자율신경계를 통해 신체와 직접적으로 연결되어 있다는 것이 밝혀지기 시작했다. 감성적 사고체계는 이성적 사고체계와 비교하여 사람들의 마음에 영향을 미치는 속도가 빨라 합리적 사고가 따라가기 전에 행동을 유발시키는 경우가 많다는 것이 알려졌다. 또한 감성의 영향을 받은 의사 결정은 이성적 사고만으로 내린 결정보다 더 깊고 오랫동안 지속되기 때문에, 고차원적 동기와 감성적 유대에 기초하여 제품을 구매하는 형태는 쉽게 깨지지 않는다는 것들이 밝혀지기 시작하였다.

감성에 기반을 둔 행동주의 경제학(behavioral economics)이 최근 주목을 받으면서 만지고 느끼는 것을 지향하는 체험 마케팅(experiential marketing)이 중요시되고 있는 것은 마케팅에서의 감성우위경향과 관련이 있다. 체험 마케팅은 소비자에게서 최적의 감성적 반응을 이끌어낼 감각적인 이미지의 활용을 큰 과제로 삼고 있다. 이러한 개념은 의사 결정에 있어 이성적 사고의 역할은 이미 감성적으로 내린 의사 결정을 확증하는 역할 만을 하는 것으로, 세계상을 스케치하는 것은 감성이며 그것에 색을 입히는 것이 이성이라는 것을 활용한 것이다.

이와 같은 관점에서 인간의 오감 즉 청감, 미감, 후감, 시감, 촉감과 같은 감성에 호소하여 마케팅을 하는 방식을 감성 마케팅 또는 감각 마케팅이라고 한다. 감성 마케팅에서의 제품은 소비자의 감성에 반응하고 소비자들을 즐겁게 해주는 가치 있는 의미나 상징이며, 감성으로 서로 교류할 수 있는 관계의 대상이다.

3) 뉴로마케팅

마케팅에서 소비자의 감성을 다루게 되면서 기존의 마케팅 리서치 방법에도 새로운 변화가 시도되고 있다. 특히 인간이 특정 제품을 접하였을 때 본능적이고 감각-감성적인 차원에서 어떻게 반응하는지를 이해할 수 있게 하는 첨단 신기술의 활용이 그 대표적인 예이다. 소비자가 마음에 드는 제품을 구매하는 과정은 직관적이고 본능적인 차원에서 일어나므로 이것을 표현하거나 수량화한다는 것은 어려운 일이다. 또한 구매 과정 중 직관적이고 본능적인 무의식의 세계에 있어 표현할 수 없는 것, 혹은 의식하지 못해 표현하지 않는 것까지 이끌어내는 것은 기본의 리서치 방법으로는 매우 어렵다. 따라서 몸과 마음은 따로 분리될 수가 없다는 새로운 인지이론을 바탕으로 마케팅 리서치 분야에서도 인간의 몸 안에서 일어나는 일들을 측정하여 소비자의 머리 속에 무엇이 들어 있는지 알아보려는 시도들이 첨단과학기술을 바탕으로 이루어지고 있다.

최근에는 인간의 구매 행동 중에서 70~80%를 차지하는 무의식적인 행동 반응을 기능성 자기공명영상(fMRI), 뇌파(electroencephalogram), 시선추적(eye tracking) 등과 같은 기술을 이용해 뇌세포 활성이나 자율신경계 변화를 측정하여 소비자 심리 및 행동을 이해하고 이를 마케팅에 활용하려는 뉴로마케팅(neuromarketing)이 주목 받고 있다. 뉴로마케팅의 핵심은 소비자가 무의식적으로 느끼는 감성을 측정하는 것으로 감성의 측정에 뇌 과학과 같은 첨단 기술을 활용함으로써 감성 마케팅의 과학화라는 평가를 받고 있으며, 2006년에는 포춘지의 미래 10대 기술에 선정되었다.

6 감성 마켓

감성 마켓의 궁극적 목표는 소비자의 내적 가치와 미학적 욕구 충족, 감성을 만족
시키며 호의적인 감정 반응을 일으키고 사용 경험을 즐겁게 해줌으로써 소비자를
감동시키고자 하는 것이다. 몇몇 과학자들은 지구상에 개발되지 않은 기술은 없
으며, 제품과 서비스에 대한 기술과 기능적 차이가 점점 줄어들고, 네트워크의 발
달로 국경이 사라져 산업 간의 경계가 허물어진 '스크램블' 현상이 발생하고 있다
고 한다. 이에 대응하여 미래의 마켓은 기능, 디자인, 브랜드 등 제품과 서비스의
본질적인 혜택을 넘어 비물질적 속성과 이야기를 갈망하는 마음의 감성 차별화로
향하고 있다.

　감성 마켓은 〈그림 1-5〉와 같이 모험을 판매하는 마켓, 연대감·우정·사랑을
위한 마켓, 관심의 마켓, '나는 누구인가' 마켓, 마음의 평안을 위한 마켓, 신념의

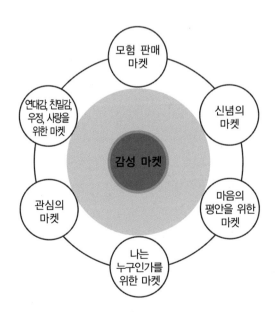

그림 1-5
감성 사회에서의 감성 마켓

마켓 등 6가지로 분류할 수 있다.

1) 모험 판매 마켓

인간은 항상 모험을 갈망해 왔고, 단순히 갈망하는 것으로 끝났던 과거와는 달리 이야기나 모험의 유형이 제품처럼 크기 별로 요구, 제공되는 마켓을 말한다. 예로 서 모험 판매 마켓은 소비자가 스카이다이빙이나 그랑프리 경주에 직접 참가하여 체험을 하면 특대(XL)의 모험을 구매한 것이다, '제임스 본드 마켓'을 이용한 소니 셀-폰을 구매하면 중(M)의 모험을 구매한 것이며, TV나 아이맥스의 영상 매체를 통한 그랜드 캐년 시청은 소(S)의 모험을 구매하는 것이다. 여행, 스포츠, 비디오 게임, 자동차, 책 등 다양한 분야가 포함되며, 소비자의 참여ㆍ체험 정도를 구분, 제품화하여 감성을 충족시킬 수 있는 마켓이다.

모험 판매 마켓과 의류 산업을 연계하여 볼 때, 스포츠, 레저 마켓이 성장하는 것을 반영한 의류의 호황을 생각해 볼 수 있다. 예를 들면 카멜사는 사막, 강, 열대 우림을 횡단하는 모험 이야기를 '카멜 트로피 컵(Camel Trophy Cup)'에 연계한 스포츠 행사를 만들어 내고 이 과정의 이야기를 반영해 필수 용품인 신발, 흡한속 건 특수 기능성 의류, 시계, 가방, 담배 등을 생산하여 모험 참여자는 물론 일반인 들에게도 판매하고 있다. 같은 맥락에서 산악 자전거용 의류, 암벽 등반용 의류, 스카이다이빙용 의류, 카레이싱용 의류 등이 있다.

2) 연대감, 우정, 사랑을 위한 마켓

이 마켓은 낭만, 가정, 우정, 이웃 등 인간의 상호관계를 중시하는 마켓으로, 예로 서 한 번의 전화가 지리적인 거리를 초월해 두 사람을 연결시키고 유대관계를 강 화시킨다거나, 'Cyworld'나 'Daum 카페' 같은 연대감을 충족시키는 콘텐츠 시장 의 성공 사례 등을 들 수 있다. 또한 사회적 관계를 강화하고 소속감을 느끼려고 레스토랑에 가기도 하므로 다양한 형태의 연대감과 사랑을 제공하는 레스토랑이나 커피숍 등도 예로 들 수 있다.

연대감, 우정, 사랑을 위한 마켓과 의류 산업을 연계하여 볼 때, 한 가족임을 나타내는 패밀리룩, 커플룩, 우정·연대감을 나타내는 스스로 디자인한 단체 티셔츠나 운동화 그리고 사랑의 상징·표현인 웨딩 관련 의류, 장신구 등은 연대감, 우정, 사랑을 위한 제품이 의류 산업에 접목된 예라고 할 수 있다. 연대감, 우정, 사랑에 대한 제품 구매와 더불어 꿈과 이야기를 즐기려는 만남, 오락, 휴식 공간을 제공하는 복합 문화 공간과의 접목이 시도되고 있다.

3) 관심의 마켓

자신의 관심을 제공하면서 만족을 얻으려는 개인의 욕구에 근거한 마켓이다. 주변 사람들이 아프거나 좌절할 때 간호, 도움, 위로를 주고 받음으로써 제공 받는 쪽뿐만 아니라 주는 쪽의 기쁨도 커지는 경험을 하게 되는데 이런 긍정적 상호관계를 바탕으로 하는 마켓을 의미한다. 애완동물과 다마고찌는 주인으로 하여금 관심을 제공할 기회를 주며, 적십자, 맥도날드 기부금 본부 등은 역경에 처한 사람들에게 집단적 자기보존의 인간 본능을 통한 관심을 제고하고, 받고 싶어하는 욕구를 반영하여 설립된 예라고 할 수 있다.

관심의 마켓과 의류 산업을 연계하여 볼 때, 옷을 구입하면 그로 인한 수익금의 일정금액이 공적인 목적에 기부되는 도네이션(donation) 아이템의 판매 형태를 들 수 있다. 국내에서는 최근 구호(KUHO), 빈폴 등에서 브랜드 가치와 사회공헌 가치를 동시에 담은 도네이션(donation) 아이템 출시가 활발하게 이루어지고 있다. 또한 애완동물용 의류 마켓 확대도 관심의 마켓의 예라고 할 수 있다.

4) '나는 누구인가' 마켓

"내가 소중하게 여기는 가치는 무엇인가? 어떤 이야기를 할 수 있는가? 내가 알고 지내는 사람들은 누구이며, 나는 그들과 어떻게 다른가?" 등 자신의 정체성

(identity)에 관한 질문들에 대한 답이 내가 선택한 제품과 서비스를 통해 드러나는 마켓이다. 루이뷔통의 소비자들은 "나는 활기찬 사람이에요. 전 세계의 멋있는 호텔에 투숙하며 품위를 유지하는 사람이거든요!"라고 자신을 설명하고, 가방의 실질적인 기능보다 거기에 덧붙여진 의미에 더 큰 가치를 둔다. 자신의 아이덴티티를 가방과 호텔의 이미지로 이야기화하여 표출하고자 하는 마켓의 특징을 주목할 수 있다.

'나는 누구인가' 마켓과 의류산업을 연계하여 볼 때, 구찌는 품격과 사치, 랄프로렌은 품격과 고상함, 에스프리는 환경과 반소비주의, 리바이스 청바지는 여성에게 몸과 마음의 자유 등 해당 제품을 구입하는 소비자 아이덴티티를 이야기해주는 마켓의 예라고 할 수 있다. 오가닉 코튼과 같이 에코라벨이 붙은 친환경 의류, 낡은 천연 소재를 재활용한 의류를 구입함으로써 자신이 지구를 지키고 마켓이 성장하는데 기여한다는 자부심을 갖는 마켓도 신념의 마켓과 더불어 발전하고 있다.

5) 마음의 평안을 위한 마켓

앨빈 토플러는 《미래의 충격》에서 "미래의 충격은 변화라는 질병"이라 말했듯이, 기계화와 자동화 그리고 다양한 가치관 사이의 갈등으로 사회가 급변하고 불안정할수록 사람들은 마음의 평안, 영원성 그리고 안정된 가치관에 대한 이야기를 필요로 한다. 변화와 모험의 이야기와 상호 보완하며, 목가적인 상태나 낭만적으로 추억하고 역경을 이겨냈던 과거의 향수 어린 이야기에 대한 감성 욕구를 충족시키고자 마음의 평안을 위한 이야기 마켓이 탄생하였다.

신화나 전설에서 매력을 느끼는 것은 고정 불변한 '항구성'이라는 측면에서 평안을 얻기 때문이고, "이곳은 전부 들판이었던 때가 있었습니다."라는 문구와 함께 들판뿐인 정경이 펼쳐진 광고는 도시화 이전의 푸른 자연으로부터 마음의 평안을 얻게 하려는 의도를 담고 있는 마켓의 표현인 것이다.

마음의 평안을 위한 마켓과 의류 산업을 연계하여 볼 때, 심리적 안정감을 느끼게 하는 아로마 테라피 의류, 요가용 의류, 여가를 위한 의류 등이 그 예라고 할 수 있다.

6) 신념의 마켓

과거에는 기업들이 이익만을 추구하였던 것에서 벗어나, 이제는 기업의 신념에 가치를 두고 지역사회와 좋은 관계를 유지하고 예술 문화 등 사회적 책임과 함께 정치적 책임도 인식하고 실천하고자 하는 것이 신념의 마켓이다. 신념의 마켓은 그린피스(Greenpeace, 국제적 환경보호 단체)부터 '오염된 물에 반대하는 서퍼들'에 이르기까지 그 종류가 매우 다양하다. 우리 나라에도 사회적 기업이라는 명칭으로 많은 신념의 마켓이 경제 한파와 대조되어 성공하고 있다.

신념의 마켓과 의류산업을 연계하여 볼 때, 그린피스, 서퍼들의 극한, 극서의 자연 환경에서 활동 시 인체 보호를 위한 방한복, 방서복, 해양복 등의 의류 마켓과 아름다운 가게와 같이 의류나 기타 용품들을 재활용하여 판매하는 마켓 등을 들 수 있다.

현재 의류 산업의 마케팅 전략이나 디자인 개발은 다양한 감성 마켓을 도입, 접목시켜 변화와 혁신으로 상향 전이되고 있다. 예를 들어 루이뷔통은 "제품을 예술의 경지로"라는 콘셉트로 아름다운 예술품을 추구하고 소수 상류사회의 이야기와 동경을 담은 럭셔리 마케팅을 전개하고 있으며, 구찌는 '미를 고급화한 제품의 개발'을 시도하고 있다. 그러나 아직 도약 단계에 있는 감성 의류 마켓은 브랜드 간의 차이를 확신할 수 없고, 기업이 추구하는 가치가 동일하고, 다양성이 부족하며, 소비자가 실제로 원하는 바를 반영하지 못하는 상황이다. 따라서 위에서 언급한 다양한 여섯 가지의 감성 마켓을 접목, 구현시킨 의류마켓이 개발되고 형성된다면 보다 많은 사람들에게 받아들여지는 감성 의류 마켓으로 한층 발전할 수 있을 것이다.

2장
감성의
원리

감성과학과 감성의류과학을 제품 생산, 소비자 행동분석 등에 적용하기 위해서는 감성의 원리를 이해하는 것이 기초가 된다. 감성의 원리를 이해하기 위해서 인간의 마음에 대한 이해와 인간의 정보처리 과정에 대한 지식이 필요하다.

제품 구매를 비롯한 모든 인간의 행동에 대한 생물학적인 설명에서는 마음과 신체(mind−body) 또는 마음과 뇌(mind−brain)의 관계에 대한 정답을 찾으려 끊임없는 연구가 계속되고 있다. 이 문제의 정답으로 제시되고 있는 다양한 견해와 연구결과들 중에 본 장에서는 마음과 신체는 독립적으로 존재하지만 어떤 식으로든지 상호작용하는 상이한 종류의 실체라고 믿는 이원론(dualism)적 관점에서 감성의 원리를 설명하고자 한다. 인간은 다른 사람의 마음의 움직임을 유추하거나 타인이 자신과는 다른 신념을 가지고 있는 것을 이해하거나 하는 기능을 가지고 있다는 마음이론(theory of mind)을 통해 타인과의 커뮤니케이션 능력을 설명하는 이론이 있다. 최근에는 이 마음이론이 행동에서 마음을 추론하는 과정까지를 모두 포함하는 의미로 사용되고 있다. 따라서 마음과 신체의 관계, 마음이론 등을 바탕으로 감성의 원리를 이해하고자 한다.

2장에서는 먼저 감성의 원리를 이해하기 위해 마음의 원리에 대해 자세히 살펴보고, 이를 바탕으로 감정의 일반 이론에 비추어 감성과 감정의 차이를 살펴본다. 또한, 인간의 마음을 결정하는 뇌와 신경계의 조직과 구조를 알아보고, 인체의 감지기인 센서를 통한 정보전달기제를 이해하고자 한다.

학습목표

1. 인간의 마음의 특징과 반응을 이해한다.
2. 감성과 감정의 개념적 차이와 의미를 학습한다.
3. 뇌와 신경계의 조직과 구조를 학습한다.
4. 감지기를 통한 정보전달기제를 이해함으로써 감성 형성 과정을 학습한다.

1 인간의 마음

오늘날과 같은 감성의 시대에 제품을 만들어 파는 사람은 자기 자신이 아닌 타인, 즉 소비자와의 원활한 커뮤니케이션이 필요하다. 이를 위해서는 타인의 마음을 읽어내고 타인의 마음상태를 이해하는 것이 필수적이다. 커뮤니케이션을 정보화 시대의 감성이라고 표현할 수 있으므로 마음에 대한 연구가 감성 원리 이해에 필요하며, 인간의 정보 처리 과정에 대한 이해는 인간의 정신 활동인 마음의 이해를 도울 것이다.

1) 마음의 특징

칼 크로머(Karl kroemer)는 마음이란 생각, 인지, 기억, 감정, 의지, 그리고 상상력의 복합체로 드러나는 지능과 의식의 단면을 가리키며, 모든 뇌의 인지 과정을 포함한다고 하였다. 또한, 마음은 다음과 같이 4가지로 특징지을 수 있다고 하였다.

(a) 전통심리학의 순차적(sequential) 인체 정보 시스템

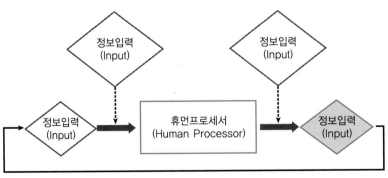

그림 2-1
인체 정보 시스템

(b) 생태심리학의 동시다발적(simultaneous) 인체 정보 시스템

첫째, 인간의 마음은 순차적(sequential)이지 않고 동시다발적(simultaneous)인 인체 정보 시스템이다. 전통 심리학에서는 인체 정보 시스템(human information system)이 순차적으로 일어나는 것으로 보았는데〈그림 2-1〉, 이는 정보가 입력되어 감지되면 다음 단계에서 정보가 처리되고, 그 다음 단계에서 출력 정보가 인체의 반응으로 나타난다는 것이다. 하지만 환경과 유기체의 관계를 연구하는 생태학적 이론을 적용하여 심리학의 문제들을 해결하려는 생태심리학(ecological psychology)에서는 다른 의견을 제시하고 있다. 생태심리학에서는 이러한 과정이 순차적으로 진행되지 않고 동시다발적으로 진행되어 정보가 처음 단계에서만 입력되는 것이 아니라 어떤 단계에서든 입력될 수 있으며, 입력된 정보에 대응하여 출력되는 정보인 인체 반응도 반드시 존재하는 것은 아니라고 설명한다〈그림 2-1〉. 인간의 마음은 컴퓨터의 정보 처리 과정과 달리 예측 가능한 것이 아니고, 동시다발적으로 정보가 입력되고 반응한다.

둘째, 인간의 마음은 구심적(afferent)으로 받아들여지고 원심적(efferent)으로 내보내져 반응한다. 자극이 인체에 들어올 때 자극의 전달 과정은 말초신경계로부터 뇌를 향하여 진행되고, 자극에 대한 반응이 일어날 때 반응의 전달 과정은 뇌에서 말초신경계로 진행된다. 〈그림 2-2〉와 같이 인체의 감각기로부터 받은 정보는 중추신경계로 구심적으로 모이며, 반응 신호(signal)는 지각 및 반응 결정(decisions are made)의 사고 단계를 거쳐 말초신경계에 원심적으로 내보내진다.

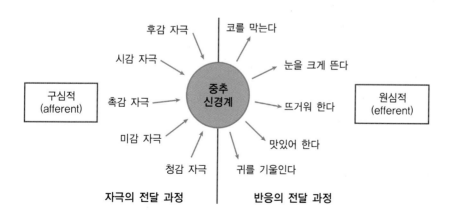

자극의 전달 과정   **반응의 전달 과정**

후감 자극   코를 막는다
시감 자극   눈을 크게 뜬다
구심적 (afferent)   촉감 자극   중추 신경계   뜨거워 한다   원심적 (efferent)
미감 자극   맛있어 한다
청감 자극   귀를 기울인다

그림 2-2
인체 정보 시스템의 입출력

셋째, 인간의 마음은 입력 정보가 동일하다고 해도 출력 정보는 천차만별이다. 동일한 자극에도 정보의 수용, 뇌의 정보 처리 과정, 반응의 정도 등에서 개인차가 크고 개별적이며, 상황에 따라 가변적이고, 통합적 사고에 의해 결정되기 때문이다.

넷째, 인간의 마음은 지속적으로 판단하고 느낀다는 것이다. 자극이나 입력 정보에 대하여 일련의 반응이 나왔다고 해서 그것으로 끝나는 것은 아니기 때문이다.

컴퓨터는 입력 정보를 처리한 후 출력하는 방식으로 항상 동일한 결과를 나타낸다. 그러나 인간의 마음이 입력 정보를 처리하고 출력하는 과정은 컴퓨터의 기본원리와 같지만, 정보의 수용, 처리, 반응 능력이 개별적이며 감성과 감정을 가지고 있다는 것은 컴퓨터와의 차이점이다. 즉, 마음은 감성과 감정이 수반되어 반응하는 어펙션 컴퓨터(affection computer)라고 할 수 있다. 어펙션 컴퓨터는 컴퓨터 연구가 궁극적으로 이루고자 하는 인간을 닮은 컴퓨터를 말한다.

2) 감정과 감성

(1) 감정

어떤 자극이 부여될 때 자극으로부터 일어나는 지식은 사람마다 다르며, 이 지식과 감정의 결합 방식 또한 사람에 따라 다르다. 어떤 자극은 다른 지식과 결합하여 한층 복잡해져, 동일한 자극이 이전에 발생시켰던 특정 감정과는 다른 감정을 발생시키기도 한다. 감정이 복잡해지면서 그와 연관된 지각이 발달하여 보다 고도의 감정으로 표현되어 발전하게 된다. 감정에 관한 일반적인 이론(정서이론)에서 감성과 인체의 생리적인 반응의 관계를 유추해 볼 수도 있다.

첫째, 제임스-랑기(James-Lange, 1880) 이론에 의하면, 감정은 임의의 자극에 의해 자율신경계가 각성하여 발생한 생리적 변화를 감지한 결과이다. 생리적 반응 유무가 감정 발생의 원인이라는 것이다. 〈그림 2-3〉과 같이 감정이 발생하는 특정한 상황에 대한 생리적·행동적 반응이 사람들에게 감정 상태로 인식되는 것으로 감정 상태가 이런 반응을 일으키는 것은 아니라는 주장이다. 이 이론은 말초기원설이라고도 한다. 어떤 것을 지각했을 대에 감정이 생기거나 나타나는 것이

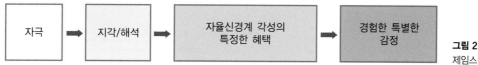

그림 2-3
제임스-랑기 이론

아니라, 지각이 신체 기관의 기능 변화, 즉 생리적 · 행동적 반응을 일으켜 이들 변화가 모두 합쳐져서 나타나는 것이 감정이라고 주장한다. 즉, 슬프기 때문에 울고 두렵기 때문에 떠는 것이 아니고 울기 때문에 슬퍼지고, 떨기 때문에 두려워진다는 이론으로, 오늘날에는 전적으로 신뢰를 얻은 설이라고 할 수는 없으나 일부 사실로 채용되고 있다.

둘째, 캐논-바드(Cannon-Bard, 1920) 이론에 의하면, 환경으로부터 오는 감각 정보가 뇌의 시상에 전달되면 시상에서는 대뇌피질과 신체의 여러 부위에 동시에 정보를 보내어 감정 경험과 신체 변화를 동시에 일으킨다. 감정의 상태는 말초적 내부조직과 자발적 근육조직으로부터 지각된 정보의 피드백이 아닌 피질(cortex)에 영향을 미치는 시상/시상하부에서 발생한다. 이 이론은 〈그림 2-4〉와 같이 감성과 감정을 유발시키는 자극은 정서의 생리적 반응과 인지적 반응을 동시에 일으킨다는 것을 의미한다.

셋째, 샤크터-싱어(Schachter-Singer, 1960) 이론에 의하면, 감정은 주변 환경을 분석한 직접적인 결과라고 하였다. 다시 말해, 감정은 인체의 생리적 변화를 감지하거나 생리 신호 단계를 거침으로써 생긴다고 한 것과 달리, 주변의 환경 정보를 받아들여 생긴다. 〈그림 2-5〉와 같이 감정 경험에 생리적 반응상태가 중요하지만 생리적 반응이 특정한 감정을 결정하는 것이 아니라 감정 경험의 원 재료

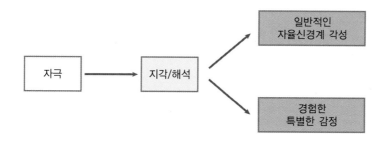

그림 2-4
캐논-바드 이론

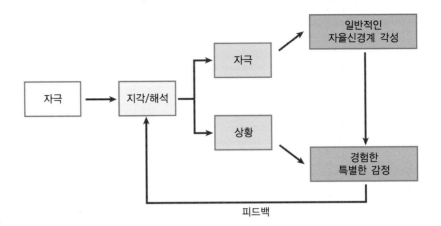

그림 2-5
샤크터-싱어 이론

피드백

가 된다고 보았다. 또한 감정 경험은 자율신경계에 의한 신체의 각성이나 반응에 의해서 일어나는 것이 아니라, 사람이 자신이 처해있는 상황 전체에 비추어서 그 각성을 어떻게 해석하느냐에 따라 다르게 일어난다는 것이다.

넷째, 리차드 라자루스(Richard Lazarus, 1990) 이론은 감정은 고도의 사고를 바탕으로 생기는 결과라고 하였다. 인간은 다른 동물들과 달리 인지과정을 거쳐 사고를 하며 이를 통해 주변 환경 정보를 인지하고 판단한다. 또한 감정은 고도의 사고와 필요충분 조건이며, 캐논-바드의 이론을 바탕으로 하여 감정 경험과 신체 변화를 동시에 일으킨다. 자극에 대해 상황에 따른 자신의 생각을 평가한 후 각성과 감정이 동시에 발생한다고 보았다. 먼저 자극에 대해 긍정적 상황인지 스트레스 상황인지를 판단하고, 상황에 따른 자신의 대처능력을 평가하고 난 뒤에야 비로소 각성과 감정이 일어나게 된다.

이처럼 감정의 일반 이론은 시대가 바뀜에 따라 달라지는 것을 볼 수 있으나, 시대가 바뀌어도 감정은 여전히 인체의 생리적 반응과 밀접한 관계를 가지고 있음

그림 2-6
리차드 라자루스 이론

을 알 수 있다. 따라서 감정에 따라 나타나는 인체의 생리적 반응 측정 장비를 이용하여 감정의 객관화, 정량화가 가능하다. 측정된 생리적 반응은 대부분의 사람들에게 공통적인 감정을 갖게 하는 경향이 있으므로 일반화할 수 있다. 이러한 관점에서 감성의 객관적 측정이나 평가에 인체의 반응을 측정하는 생리적 감성평가 방법을 도입하였다.

(2) 감성

인간의 감성은 개인적(personal), 역동적(dynamic)이다. 따라서 감성은 시점, 주변 상황, 개인의 심신 상태 등 개인이 갖고 있는 내적 요인에 따라 변화할 수 있다. 그리고 개인의 감성 발생과, 관련한 생활 경험 요인에는 개인적, 사회적, 문화적 요인이 있다. 개인적 요인은 연령, 성별, 교육, 건강, 심리 상태 등이 있고, 사회적 요인은 가족 관계, 정치, 지역 사회, 경제, 자연 환경 등이 있으며, 문화적 요인은 전통, 풍습, 종교, 인종, 생활 문화 등이 있다. 또한 인간의 감성은 반사적(reflective), 직관적(intuitive)이라서, 감각 자극에 의하여 사물을 처음 접하는 순간 이미지 또는 느낌으로 느끼게 되며 개인 의지로는 조절이 불가능하다. 예를 들어 첫인상은 부정적인 경우와 긍정적인 경우가 있는데, 가변적 내적 요인에 따라 종류가 다양해지고 구분이 불명확해질 수 있다. 이처럼 인간의 감성은 개인적, 역동적, 반사적, 직관적이기 때문에 일반화, 정량화, 표준화가 어렵다.

감성을 감정과 비교하면, 감성은 외부로부터의 감각 자극에 대한 반응이며 감정에 비해 강도가 낮고 신체적, 생리적 변화가 표면적으로 잘 드러나지 않아 측정이 어렵다. 감성은 감정이나 논리적 의사 결정보다 먼저 발생하여 감정과 논리적 사고에 영향을 미치고, 동일한 자극에 대하여 개인마다 각기 다른 감성이 발생하고 논리적 판단 과정 없이 바로 표현되기도 한다.

감성을 감각과 비교하면, 감각(sensation)은 외부의 물리적 자극에 대한 신체 기관의 감지를 말하며 인간의 인지 작용이 배제된 직접적 자극에 대한 지각이라고 정의할 수 있다. 감각 자극은 개인별 감성 필터(filter)에 따라 상이한 감성을 발생시킨다. 한편 감성은 대뇌의 변연계에 축적된 경험의 장기기억(long-term memory)과 연관된 반응이며, 가변적이고 애매모호하며, 단순한 감각이나 지각과는 구별되는 복합적 반응이다.

2 인간의 감성전달

감각기관을 통해 받아들여진 외부의 물리적인 자극은 전기적인 신호로 변환되어 뇌의 시상(thalamus) 또는 시상하부(hypothalamus)에 전달된 다음, 감정에 관한 일반적 이론에 따라서 대뇌 변연계(limbic system)에서 감성이 순차적으로 형성되어 인체가 반응을 일으킨 후 피질(cortex)로 전달되거나, 피질과 인체 반응이 동시에 일어난다고 할 수 있다. 따라서 감성이나 감정의 형성에 관여하는 시상 또는 시상하부, 대뇌피질 그리고 대뇌 변연계에 대해서 살펴보자.

1) 뇌

인체는 외부세계로부터 받은 자극을 감각기에서 받아들이고 반응하여 구심성 신경을 경유해 뇌에 전달하므로 정보처리가 이루어진다. 뇌에서 처리된 정보는 운동신경과 자율신경인 원심성 신경을 통해 근육과 내장 등으로 전달되어 반응을 일으킨다. 이때 자극(정보)은 뇌에 축적되어 있는 기억에 반영되어 감정, 사고, 계산, 평가, 추리, 판단으로 이어져 감성이나 감정을 형성하게 된다. 형성된 감성이나 감정은 의식의 유무와는 상관없이 새로운 학습, 기억으로 남기도 한다. 인간의 뇌는 크게 구조와 기능에 따라 분류할 수 있다.

(1) 뇌의 구조적 분류

인간의 뇌는 〈그림 2-7〉과 같이 구조에 따라 대뇌, 간뇌, 소뇌, 뇌간(중뇌, 뇌교,

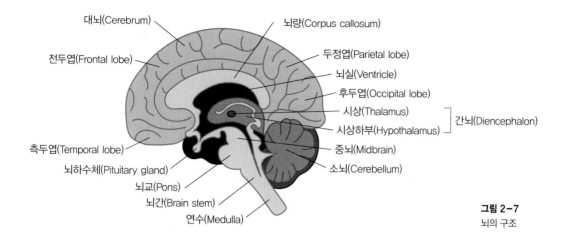

그림 2-7
뇌의 구조

연수), 척수로 나눌 수 있다.

① 대뇌

대뇌(cerebral)는 갸름하고 둥근 모양의 대뇌 반구(cerebral hemispheres)가 좌우에 한 쌍으로 이루어져 있으며, 세포체(뉴런의 일부)가 피질(겉질)이라는 회백질의 대뇌 반구 표면에 존재한다. 이 대뇌피질은 영역에 따라 전두엽, 두정엽, 측두엽, 후두엽으로 구분되며 각기 다른 기능을 가진다. 대뇌피질은 고등동물일수록 발달하여 고등 정신기능을 수행한다. 대뇌는 척수 → 연수 → 중뇌 → 시상하부 → 시상 → 대뇌피질의 순서로 정교하고 고차원화하는 정신기능을 담당하고 있다.

② 소뇌

소뇌(cerebellum)는 대뇌 아래, 중뇌 뒤쪽에 위치하는 작은 뇌이며, 대뇌 반구와 같이 피질이 존재한다. 주로 근육과 대뇌피질로부터 자극을 받아들이고 있다. 소뇌피질은 대뇌피질과는 달리 감각과는 관계가 없으며 운동기능과 평형감각을 조절한다.

③ 간뇌

간뇌(Diencephalon)는 대뇌와 소뇌 사이에 존재하는 작은 뇌로 시상과 시상하부라는 중요한 두 부분을 포함하여 여러 부분으로 구성되어 있다. 시상은 구심성 신경을 통해 전달된 정보를 대뇌피질로 전달하는 정보 전달의 중계 역할을 한다. 즉 대뇌 반구에서 처리하는 대부분의 신경을 전달하는 신경의 통로이다. 시상은 후각을 제외한 모든 감각을 일시적으로 머무르게 했다가 대뇌의 피질로 보낸다. 그리스어로 '휴게실'이라는 뜻을 가지며 눈에서 출발한 시신경이 연결된 지점이기 때문에 한자로 시상(視床)이라는 이름을 가진다. 시상하부는 반사작용의 주요한 중추로 특히 자율신경계에서 일어나는 반사작용과 밀접한 관계가 있으며, 자율신경계와 수의신경계 사이의 관계를 일정하게 유지해 주는 기능을 가지고 있다. 시상하부는 자율신경계에 속하는 교감신경과 부교감신경을 모두 조절하여 긴장상태와 이완상태를 만든다. 그리고 식욕, 성욕, 수면욕과 같은 인간의 기본적인 욕구를 조절하는 뇌하수체의 호르몬 분비를 지배한다. 면역력이나 체온 조절 기능도 가지고 있어서 몸의 항상성을 조절하는 중요한 역할을 한다.

④ 뇌간

뇌간(뇌줄기; brain stem)은 뇌에서 좌우 대뇌 반구 및 소뇌를 제외한 나머지의 척수(spinal cord)와 연결되는 부분으로 중뇌, 뇌교 및 연수로 구성된다. 중뇌는 뇌간의 가장 윗부분이 되며 간뇌 바로 아래에 위치한다. 눈의 움직임과 청각에 관여하고 소뇌와 함께 평형을 유지하는 역할을 한다. 예를 들면, 수정체 반사 안구의 운동, 동공 반사와 같은 홍채의 수축 등을 조절하며 자세 유지 기능을 한다. 중뇌의 기저핵(basal ganglia)은 신경으로 구성되어 있고 걷는 것과 같은 반 자율적인 행동을 제어한다. 뇌교는 위로는 중뇌와 연속되고 아래로는 연수가 있고, 뒤로는 소뇌에 의해 싸여 있는 부위를 말한다. 연수는 척수와 명확하게 경계 짓기 어려울 만큼 척수와 연결되어 있다. 호흡, 심장 박동 및 호흡, 소화계, 혈액 등 생명기능을 조절하는데 중추일 뿐만 아니라 딸꾹질, 재채기와 같은 무조건 반사(연수 반사)의 중추 역할도 한다.

(2) 뇌의 기능적 분류

인간의 뇌는 기능에 따라 대뇌피질과 변연계로 나눌 수 있다. 뇌의 가장 중요한 기능은 운동, 감각, 조건반사, 기억, 사고, 판단 및 감정 등의 고차원적 정신 기능의 중추적 역할을 하는 것이다.

　대뇌피질의 기능은 사물을 인식(cognition)하고 이를 바탕으로 판단하거나 또는 이에 따른 체신경계의 반응으로 나타나는 이성적인 행동이다. 변연계는 감성과 감정 그리고 이를 바탕으로 한 감정/감성적인 행동(affective behavior)을 담당한다. 변연계는 계통발생학적으로 뇌에서 비교적 일찍 발생된 부분으로 늦게 발달된 대뇌피질에 의해 둘러싸여 있다. 대뇌피질은 고도의 사색기능, 판단기능, 창조적 정신기능 등의 고등정신활동을 하는 곳이며 운동과 감각을 담당하는 곳이다. 반면 오래된 변연계는 본능적 행동과 감성과 감정을 담당하는 곳으로 행동의 의욕(motivation), 학습(learning), 기억(memory)의 과정에도 깊이 관여한다.

① 대뇌피질

대뇌피질(Cerebral cortex)은 대뇌 반구의 바깥쪽에 두께 2~4mm 정도의 회백질 층으로 주름이 많이 잡혀 있어 호두알 같은 모양이다. 대뇌피질에는 약 140억 개의 신경세포가 밀집되어 있으며, 표면에 평행하게 6층으로 배열되어 있다. 각 층을 구성하고 있는 신경세포는 피질의 부위에 따라 모양, 크기, 배열 등이 다르다. 대뇌피질은 감각, 운동의 최고 중추이자 이성행동을 주관하고 있으며, 각 부위마다 다른 기능을 맡고 있어 운동영역, 감각영역, 연합영역으로 나눈다. 대뇌피질 각 부분의 기능들은 중추 즉 신경세포가 모인 부분들의 연락을 통하여 종합된다.

- 전두엽(이마엽; frontal lobe): 대뇌 반구의 앞쪽에 있는 부분으로 기억력·사고력 등의 고등행동을 담당하며, 운동제어, 보행, 글쓰기, 언어 등 순서에 따른 운동의 프로그램을 작성하여 운동중추에 전달하는 곳(운동연합중추)이자 정신의 자리로서 주의나 사고, 창조, 의지의 역할을 하는 곳이다.
- 두정엽(parietal lobe): 대뇌 반구의 옆에 위치하는 것으로, 전두엽 뒤에 위치한다. 체성감각중추에 있는 감각정보의 의미를 부여하는 곳이다.

- 측두엽(temporal lobe): 뇌 밑바닥에서 빠져 나와 전두엽과 두정엽의 복측에 위치하며, 미각, 후각, 청각과 언어능력을 담당한다.
- 후두엽(occipital lobe): 뇌의 뒤 끝 부분으로 두정엽과 측두엽의 뒤쪽에 위치한다. 시각중추에서 수신한 화상신호를 분석하고 통합하여 고차의 시각적 기능을 담당하는 곳이다.

감성의 입력정보에 해당하는 감각의 중추인 대뇌피질에서는 다양한 자극에 의해 각 부위의 뇌세포 사이에서 신호가 전달될 때 미세한 전기활동이 생긴다. 이 전기의 흐름인 뇌파(brain wave)를 증폭시켜 그래프로 나타낸 것이 뇌전도(electroencephalogram, EEG)이며, 우리가 흔히 뇌파라고 부르는 것은 뇌전도를 의미하며, 주파수와 진폭에 따라 분류한다. 뇌파와 관련된 자세한 내용은 '5장 생리적 감성평가'에서 다루도록 한다.

② 대뇌 변연계

대뇌 변연계(limbic system)는 감각정보에 감성이라는 내용을 부가하므로 인간의 뇌에서 감정의 뇌라고 부른다. 대뇌 변연계는 〈그림 2-8〉과 같이 대뇌 반구의 안

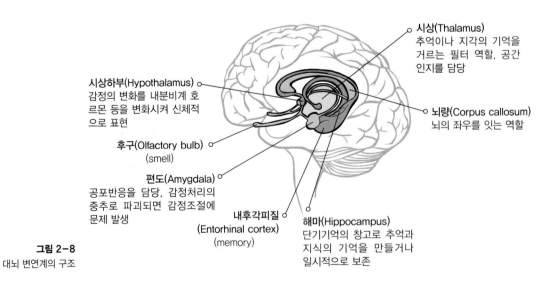

시상(Thalamus)
추억이나 지각의 기억을 거르는 필터 역할. 공간 인지를 담당

시상하부(Hypothalamus)
감정의 변화를 내분비계 호르몬 등을 변화시켜 신체적으로 표현

뇌량(Corpus callosum)
뇌의 좌우를 잇는 역할

후구(Olfactory bulb)
(smell)

편도(Amygdala)
공포반응을 담당. 감정처리의 중추로 파괴되면 감정조절에 문제 발생

내후각피질
(Entorhinal cortex)
(memory)

해마(Hippocampus)
단기기억의 창고로 추억과 지식의 기억을 만들거나 일시적으로 보존

그림 2-8
대뇌 변연계의 구조

쪽과 밑면에 해당하는 부분, 즉 뇌간(brain stem)과 대뇌피질(cerebral cortex) 사이에 있는 신경세포의 집단으로, 시상, 시상하부, 해마, 편도가 주가 되며 그 외에 인접기관들로 이루어져 있다. 이 변연계는 감성이나 감정 등의 조절과 표현에 관여하고 있으며, 심장기능, 혈압, 호르몬, 소화계 심지어 면역체계 등 대부분의 생리현상도 조절한다.

– 시상(thalamus): 추억이나 지각의 기억을 거르는 필터 역할을 하며 공간인지를 담당한다.

– 시상하부(hypothalamus): 변연계에서 가장 중요한 부분으로, 신경계(nervous system)와 내분비계(endocrine system)를 통해 우리 몸을 통제한다. 신경계를 통한 통제는 자율신경계(autonomic nervous system)를 통해서 이루어지는데, 교감신경계(sympathetic nervous system)와 부교감신경계(parasympathetic nervous system)를 통해 혈압, 심장박동, 호흡, 소화작용, 땀샘작용 등을 조절하게 된다. 내분비계(endocrine system)를 통한 통제 방법은 뇌하수체(pituitary gland)를 통해 이루어지는데, 시상하부의 명령에 의해 체내의 여러 곳에 호르몬생산을 촉진한다.

– 동기 유발과 정서(감성이나 감정)의 조절을 위하여 자율신경계와 내분비계를 조절하여 내장의 장기에 직접적인 영향을 미치고, 체성신경계에도 직접 영향을 미친다. 따라서 교감신경계와 부교감신경계의 활동을 조절하고 이들 사이의 균형을 유지하여 변하는 외부환경에 적응하기 위하여 체내에서 발생하는 심한 교란상태에도 불구하고, 내부환경을 일정한 좁은 범위 내에서 유지할 수

있도록 한다.

- 해마(hippocampus): 모양이 바다에 해마처럼 생겨서 붙여진 이름으로 단기적으로 기억된 것(short-term memory)을 장기적으로 기억(long-term memory)하게 저장(storage)하는 역할을 한다. 만약 해마에 손상이 입었을 경우 새로운 것들을 기억하지 못하게 된다. 해마 손상 전의 기억은 잘 기억하고 있으나, 손상 후에 경험했던 사실들은 바로 지워져 버리기에, 늘 모든 게 생소하고 새롭게 느껴지게 된다.

- 편도(amygdala): 감정과 두려움을 관할하는 곳으로 남자에 비해 여자가 큰 편이다. 여자가 남자에 비해 감성이 풍부하고 감정변화가 심하게 되는 것은 크기와 무관하지 않을 뿐만 아니라 인접하고 있는 해마와도 밀접한 연관이 있게 된다. 감정에 관계된 소소한 것까지도 여자가 남자에 비해 잘 기억하는 것, 남자가 무심코 던진 말 한 마디도 여자는 평생을 간직하고 잊지 못하게 되는 것도 편도와 해마가 크기도 클 뿐만 아니라 감정적 기억(emotional memory)을 바로 해마에 저장시키기 때문이다. 또한 두려움에도 관여하게 된다. 사람을 비롯한 동물에게도 있게 되는데 두려움을 많이 타는 사람이 편도에 이상이 있을 경우 두려움을 못 느끼게 된다. 예를 들어 편도를 제거한 쥐가 고양이에게 공격하는 행태를 보이기도 한다.

- 인접기관: 해마이랑(parahippocampal gyrus), 중격핵(septum pelucidum), 대상회(cingulate gyrus), 유두체(mammillary body), 뇌궁(fornix), 앞 맞교차(anterior commissure)가 있으며, 시상하부, 해마, 편도와 함께 감성이나 감정의 조절에 관여한다.

2) 신경계

신경계란 인체 내부와 자극을 빠르게 전달하여 그에 대한 반응을 생성하기 위한 특수한 세포인 신경세포로 이루어진 기관을 의미한다. 해부학적으로 신경계는 크게 중추신경계와 말초신경계의 두 부분으로 나눌 수 있다. 중추신경계는 뇌와 척수(spinal cord)로 되어 있으며, 말초신경계는 체성신경계와 말초신경계로 나눈다.

(1) 중추신경계

중추신경계(CNS: central nervous system)는 뇌와 척수로 이루어져 있으며, 여러 가지 입력정보를 받아들이고 통합하여 반응을 생성하여 내보내는 기능을 한다. 대부분의 인체의 연합뉴런은 이 중추신경계 내에 존재하는데, 이들은 정보를 받고, 통합하며 반응을 위해 필요한 명령을 내린다.

① 뇌
뇌(brain)에 대해서는 앞서 자세히 살펴보았으므로 본 장에서는 척수에 대해 설명하겠다.

② 척수
척수(spinal cord)는 말초신경계과 뇌 사이에 신호를 전달하는 핵심 통로이다. 척수에는 이 외에도 무릎반사와 같이 즉각적인 반응경로도 존재한다. 척수는 척추뼈로 이루어진 통로로 둘러싸여 있으며, 세 층의 수막(meningitis)에 의해 보호받는다. 척수로 통하는 신호의 흐름에 장애가 생기면, 감성을 잃거나 또는 마비될 수 있다.

(2) 말초신경계

말초신경계(PNS: peripheral nervous system)는 자극과 반응을 인체의 전기신호의 형태로 전달하여 감각기관과 근육, 내장기관 등을 중추신경과 연결시켜주는 역할을 한다. 말초신경계는 의식적으로 조절할 수 있는 체성신경계와 의식적으로 조절할 수 없는 자율신경계로 나눌 수 있다. 체성신경계는 다시 구심성인 감각신경(sensory nerve)과 원심성인 운동신경(motor nerve)으로 나뉘며, 자율신경계는 구심성인 감각신경, 원심성인 교감신경과 부교감신경으로 나뉜다.

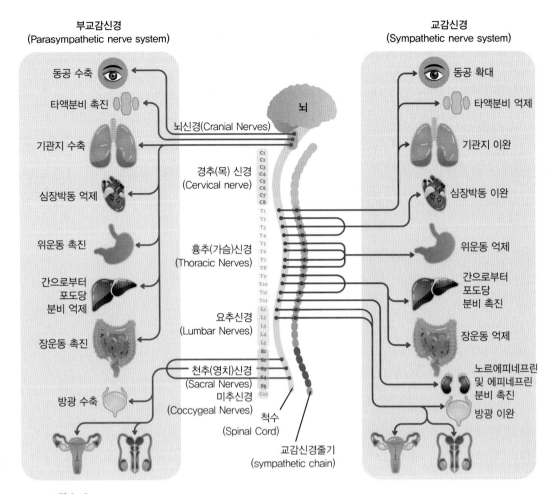

부교감신경
(Parasympathetic nerve system)

교감신경
(Sympathetic nerve system)

동공 수축

타액분비 촉진

뇌신경(Cranial Nerves)

기관지 수축

경추(목) 신경
(Cervical nerve)

심장박동 억제

위운동 촉진

흉추(가슴)신경
(Thoracic Nerves)

간으로부터
포도당
분비 억제

장운동 촉진

요추신경
(Lumbar Nerves)

천추(영치)신경
(Sacral Nerves)
미추신경
(Coccygeal Nerves)

방광 수축

척수
(Spinal Cord)

교감신경줄기
(sympathetic chain)

뇌

동공 확대

타액분비 억제

기관지 이완

심장박동 이완

위운동 억제

간으로부터
포도당
분비 촉진

장운동 억제

노르에피네프린
및 에피네프린
분비 촉진

방광 이완

그림 2-9
교감신경과
부교감신경의 활성

① 체성신경계

체성신경계(somatic nervous system)는 감각기관에서 받아들인 자극을 중추신경계로 보내고 중추의 명령을 골격근 등의 반응기로 보내어 서로 연결하는 역할을 하며, 자율신경계(autonomic nervous system)는 기본적인 인체 시스템이 원활하게 작동하도록 조절하는 운동섬유를 평활근, 심근, 선(gland)에 연결하는 역할을 한다.

② 자율신경계

말초신경계는 체성신경계(somatic nerve system, 뇌신경(cranial nerve), 척수신경

(spinal nerve)와 자율신경계(spinal nerve)로 나눈다.

불수의적인 자율신경계는 교감신경계와 부교감신경계로 이루어져 있다. 일반적으로 하나의 인체기관에 대하여 이들 두 신경계가 이중으로 지배하며, 서로 길항적 작용을 하기 때문에 둘 중 하나의 신경계의 기능을 높이려면 나머지 하나의 신경계의 기능을 낮추어야 한다.

- 교감신경계(sympathethic nerve): 인체의 긴급사태에 대응하는 데 관여하여 놀라움이나 분노와 같이 인체가 스트레스를 받는 상황에서 활성화되어 스트레스에 저항할 수 있도록 조직을 변화시킨다.

- 교감신경과 부교감신경(parasympathetic nerve): 인체의 정상적인 기능을 유지하는데 관여하며, 인체가 스트레스가 적은 편안하고 이완된 상태에서 활성화된다.

- 〈그림 2-9〉에 나타낸 것과 같이 교감신경계는 척수신경에 의해 내장기관과 뇌를 연결시킨다. 교감신경계가 자극을 받으면 소화기관과 피부로 가는 혈관을 수축시켜 소화기능이 저하되고 피부로 흐르는 혈액량이 감소함으로써, 근육으로 흐르는 혈액량을 증가시켜 사지근육에 적절한 혈액을 공급한다. 또한 심장박동률을 증가시켜 혈액의 순환을 촉진시키고, 폐와 기도를 확장시켜 혈액이 충분히 기화될 수 있도록 한다. 이러한 교감신경계의 활성화에 의해 인체가 위험상황에서 잘 대처할 수 있게 된다. 반면, 부교감신경계가 활성화되면 소화기관의 일상적인 작용이 증가되고, 심장이 느리게 뛰고 직장과 방광의 내용물을 잘 내보내게 된다.

3) 감성전달기제

사람의 인체에는 크게 다섯 가지의 감각기관이 있어서 오감을 느낀다. 이 5개의 감각기관은 인체 외부에서 발생한 물리적 자극을 피부에 분포되어 있는 감지기(센서, 수용기)를 통해 정보를 받아들이는 역할을 한다. 감지기에서 받아들여진 정보는 뉴런을 활성화시킬 수 있는 전기적 신호로 바뀌어 감각신경을 통해 뇌로 전달된다. 뇌로 전달된 전기적 신호가 대뇌의 변연계를 거쳐 감성을 형성한다. 형

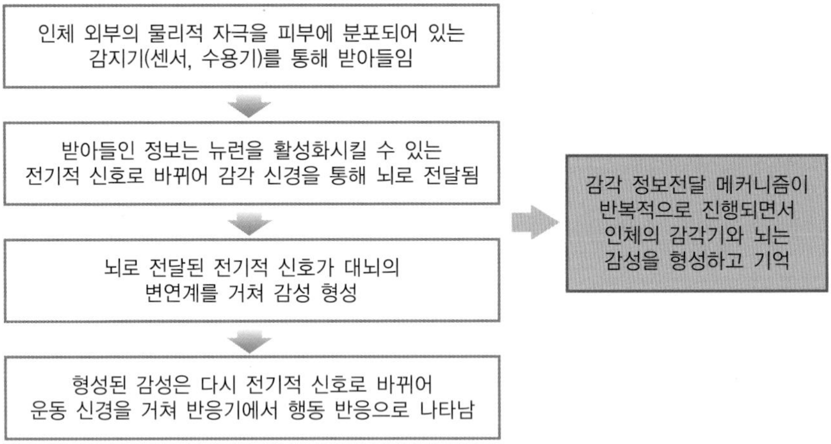

그림 2-10
감성전달기제

성된 감성은 다시 전기적 신호로 바뀌어 운동신경을 거쳐 반응기에서 행동 반응으로 나타난다〈그림 2-10〉.

위에서 설명한 감지기가 어떻게 뇌와 연결되어 감성을 형성하는가를 살펴보면, 먼저 피부나 근육, 눈, 귀 등에서 받아들인 감각신호는 감각신경 내의 신경줄기세포가 수용하여 척수로 전달된 후 간뇌 속에 있는 다수의 신경핵을 지나, 시상 부위를 거쳐 대뇌피질로 보내진다. 대뇌피질로 전달된 감각신호는 감성으로 형성되며, 형성된 감성이 반응기로 전달된다. 반응기에서 오는 감각신호는 각 말초 기관에서 반응하도록 작용한다. 이러한 중추신경계와 척수, 말초신경계의 감각 정보전달 메커니즘이 반복적으로 진행되면서 인체의 감각기와 뇌는 감성을 형성하고 기억하게 된다.

지금까지 살펴본 바에 의하면, 감성과학은 인체에 가해지는 감각과 그 감각이 처리되는 과정을 포함한다는 것과, 감성의 형성은 그 메커니즘에는 차이가 있으나 인체의 생리적 반응과 밀접한 관계가 있다는 것을 알 수 있었다. 또한, 대뇌피질과 변연계가 감성의 형성에 깊이 관여하며, 중추신경계와 자율신경계가 형성된 감성의 전달매개가 된다는 것을 알 수 있었다. 그러므로 감성과 관련된 인체 각 부위의 활성화 정도나 생리적 반응을 측정하여 감성을 객관화 또는 정량화할 수 있음을 파악할 수 있었다.

3장
인간의
감각

감성은 제품이나 환경에 대한 수많은 자극이 우리의 눈, 코, 귀, 입, 피부를 통해 다양한 형태의 정보로 받아들여진 후, 아직까지는 명확하게 알려지지 않은 뇌의 블랙박스 속에서 형성되는 것이라고 할 수 있다. 감성과학에서는 입력정보에 해당하는 눈, 코, 귀, 입, 피부를 통한 자극을 받아들이는 감각과 이 감각이 뇌 속의 블랙박스를 거쳐 밖으로 표현되는 출력정보인 생리적 반응과 언어 등에 대한 연구를 통해 감성을 과학적으로 평가하고자 한다. 이와 같이 감성을 발생시키는 감각(입력정보)과 형성된 감성을 표현하는 생리적 반응이나 언어 등(출력정보)을 통틀어 감성정보라고 한다.

의류감성은 특정한 단일 감각에 의존하여 만들어지는 것이 아니라, 오감을 모두 이용하거나 각 감각들의 상호작용에 의해 형성되는 복합적인 감각에 의해 완성된다. 우리는 가장 먼저 옷의 디자인 그리고 소재의 색, 무늬 등을 눈으로 보고 시각정보를 얻고, 만져보거나 입어봄으로써 피부를 통해 촉각정보를 받아들인다. 옷을 입고 있는 상태에서는 움직임에 따라 생겨나는 직물의 마찰음과 같은 청각정보 그리고 사이즈와 패턴의 맞음새에 대한 촉각정보와 시각정보를 동시에 형성하여 평가한다. 또한 장시간의 착용이나 동작에 따른 운동기능성과 온열쾌적성 등은 복합적인 감각정보를 통해 평가한다. 이와 같이 다양한 감각의 복합적인 정보를 통합하여 형성되는 의류감성에 대한 이해를 위해서는 인간의 감각에 대한 이해가 바탕이 되어야 한다.

3장에서는 감성을 발생시키는 입력정보에 해당하는 감각에 대하여 감성의류학적 측면에서 요구되는 기본적인 지식에 대해 학습하고자 한다.

학습목표

1. 의류감성과 관련 있는 오감에 대해 학습한다.
2. 감각기관의 구조와 기능을 학습한다.
3. 감각의 자극이 뇌에서 인식되는 전달과정을 이해한다.

1 감각의 종류

감각기관(sensory organ)을 통해 우리가 보고, 듣고, 만지고, 냄새 맡고, 맛을 보면서 수집하는 많은 자극 정보 중에서, 특정한 자극 정보만을 감지하여 흥분하도록 분화된 수용기세포(receptor cell)가 존재한다. 흥분된 수용기세포는 자극 정보를 전기신호로 바꾸어 신경세포(neuron)를 통해 뇌에 전달하며, 이 전기신호가 대뇌피질(cerebral cortex)에 순식간에 퍼져 통합되면 우리는 감각을 지각(perception)하게 된다.

수용기세포가 반응하는 자극과 분포하는 부위에 따라 감각을 분류하여 〈표 3-1〉에 나타냈다. 수용기세포를 흥분시키는 자극의 특성에 따라 시각과 같이 가시광선에 반응하는 광수용기(photoreceptor), 미각이나 후각과 같이 화학적 자극에 대해 화학적 수용기(chemoreceptor) 그리고 촉각, 압각, 온각, 냉각, 통각, 청각 등의 기계적 수용기(mechanoreceptor)로 나눌 수 있다.

우리가 오감(five senses)이라고 하는 시각, 미각, 후각, 청각, 피부감각은 수용기세포가 분포하는 부위와 종류에 따라 감각을 분류한 것이다. 시각은 파장의 범

표 3-1
감각수용기 분포 부위

감각의 종류		자극	수용기세포 분포 부위	수용기세포
광수용기	시각	빛(가시광선)	눈의 망막	원추세포, 간상세포
화학적 수용기	미각	액체 상태의 물질	혀의 미뢰 (맛봉오리)	미각세포
	후각	기체 상태의 물질	코안 점막	후각세포
기계적 수용기	청각	소리	귀의 달팽이관	유모세포
	피부 감각	압력 높은 온도 낮은 온도	피부표면	통각: 신경말단 촉각: 마이스너 소체, 메르켈 소체 압각: 파치니 소체 온각: 루피니 소체 냉각: 크라우제 소체

위가 약 380∼780nm에 해당하는 빛 즉 가시광선(visible spectrum)의 자극을 눈의 망막에 있는 수용기세포인 원추세포와 간상세포가 반응하여 지각하게 된다. 미각은 액체상태의 물질이 혀의 미뢰(맛봉오리, taste bud)에 있는 미각세포(taste cell)를 흥분시켜 발생된다. 후각은 기체상태의 물질이 콧속의 점막에 있는 후각세포(olfactory cell)를 자극하여 생긴다. 청각은 귀의 달팽이관에 있는 유모세포(hair cell)가 흥분되어 생겨난다. 그리고 피부감각은 다양한 형태의 압력과 온도에 의한 자극이 피부표면에 전달되면 피부표면에 있는 각각의 자극에 반응하는 수용기세포가 흥분되어 느끼게 된다. 따라서 오감을 통해 형성되는 감성을 이해하기 위해 오감을 자극하는 자극 요인과 수용기세포의 위치 및 특성에 대한 기본적인 지식에 대한 이해가 요구된다.

시각적 감각 2

눈에 대상이 들어왔을 때 우리는 가장 풍부한 정보와 즐거운 느낌을 받는다고 한다. 인체의 감각수용기의 70%는 눈에 모여 있으므로 우리는 대상을 눈으로 보는 것으로 주로 정보를 받아들이고 이해하고 평가한다. 또한 눈을 통해 받아들이는 시각적 감각은 목소리를 느끼는 청각적 감각과 함께 사람들 사이의 커뮤니케이션에도 큰 역할을 한다. 따라서 시각은 단순히 정보를 전달하는 수단일 뿐만 아니라 사람들의 감성에도 크게 영향을 미친다.

우리가 유명한 디자이너들의 멋지고 아름다운 작품을 볼 수 있는 것은 어떻게 가능한 것일까? 우리가 특정한 대상을 보고자 할 때 그 작품(물체)에 반사된 빛(광원)이 우리의 눈(감각기관)을 통해 정보를 수집하여 이를 신경정보로 바꿔 뇌로 전달하면, '멋지다, 아름답다'는 감성을 형성하게 된다〈그림 3-1〉. 따라서 시각적 감각을 통해 감성이 형성되는 과정을 이해하기 위해서는 감각기관인 눈의 구조와 기능 그리고 신경정보의 전달과정에 대한 이해가 필요하다.

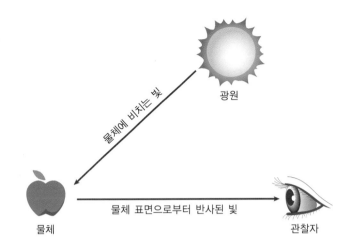

그림 3-1
시각적 감각의 발생 요소

광원

물체에 비치는 빛

물체

물체 표면으로부터 반사된 빛

관찰자

1) 눈의 구조와 기능

대상에 대한 많은 정보를 얻을 수 있게 하는 눈이 매우 똑똑하다고 생각하지만 사실 눈이 하는 일은 빛을 모으는 역할에 지나지 않는다. 우리 눈과 비슷하게 움직이도록 만들어 빛을 모아 필름에 상이 맺히게 하는 카메라의 구조와 기능과 비교하면서 〈그림 3-2〉를 이용하여 시각적 감각을 받아들이는 눈에 대해 설명한다.

우리의 눈은 각막(cornea)을 통해 빛이 통과하여 굴절시킨다. 굴절된 빛은 작은 구멍인 동공(pupil)으로 들어와 동공 주위에 납작한 도넛 모양의 막인 홍채(iris)에 빛이 도달한다. 홍채와 연결된 근육의 이완과 수축을 통해 동공의 크기를 변화시

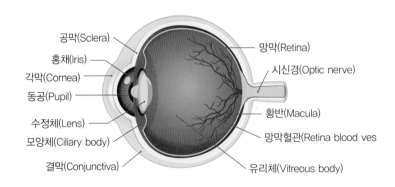

그림 3-2
눈의 구조

공막(Sclera)
홍채(Iris)
각막(Cornea)
동공(Pupil)
수정체(Lens)
모양체(Ciliary body)
결막(Conjunctiva)

망막(Retina)
시신경(Optic nerve)
황반(Macula)
망막혈관(Retina blood ves
유리체(Vitreous body)

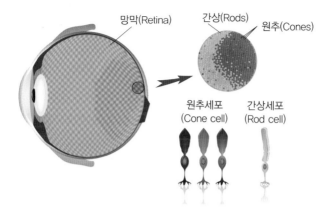

그림 3-3
간상세포와 원추세포로
이루어진 시감각수용기
세포

켜 빛의 양을 조절한다. 이러한 기능은 카메라에서 받아들이는 빛의 양을 조절하는 조리개의 역할과 같다. 홍채의 뒤쪽에는 탄력 있는 볼록렌즈 모양의 수정체(lens)가 형태를 변화시키면서 초점을 맞춘다. 이것은 카메라의 렌즈로 물체와의 거리를 조절하여 초점을 맞추는 것과 같은 역할을 한다. 눈의 안구(ocular, eyeball) 뒤쪽에는 빛에 따라 반응하는 시감각수용기세포(visual cell)가 있는 얇은 막으로 이루어진 망막(retina)이 있다. 망막은 카메라에서 상이 맺히는 필름과 같은 기능을 한다.

　시감각수용기세포에는 간상세포(막대세포, rod cell)와 원추세포(원뿔세포, cone cell)가 있다〈그림 3-3〉. 1억 2,500만 개의 가늘고 긴 간상세포는 0.1lux이하의 어둠 속에서 흑과 백의 명암을 구분하여 물체를 볼 수 있게 한다. 700만 개의 통통한 원추세포는 밝은 낮에 자세한 형태와 색의 식별을 가능하게 하며, 우리 눈이 시각적 변화에 매우 빠르게 반응할 수 있게 한다. 서로 섞여 있는 간상세포와 원추세포는 우리 눈이 시각적 변화에 매우 빠르게 반응할 수 있게 한다. 망막(retina)에 있는 시신경이 뇌로 들어가는 맹점(blind spot)이라는 곳에서는 간상세포도 원추세포도 없어 빛을 지각하지 못한다. 그러나 망막 한가운데 있는 중심오목(중심와, fovea centralis)라고 하는 작은 홈에는 원추세포가 빽빽하게 밀집해 있어 상이 가장 뚜렷하게 맺힌다. 중심와를 제외한 망막의 다른 곳에서는 간상세포와 원추세포 여러 개가 하나의 시신경 세포에 연결되어 있어 상이 훨씬 희미하다.

따라서 우리가 어떤 대상을 자세히 보고자 할 때에는 중심와의 앞에 물체를 가져다 놓기 위해서 끊임없이 눈을 미세하게 움직이는 안구운동이 일어난다.

안구운동(eye-movement)은 앞서 설명한 것과 같이 대상의 상이 망막에서 맺히도록 하고 그것을 안정적으로 유지하기 위한 것뿐만 아니라, 흥미 있거나 자극적인 부분의 특징을 자세히 파악하기 위하여, 그 특정 부분이 망막의 중심오목에서 초점이 맺히도록 하기 위한 것이다. 이와 같이 대상을 파악하는데 필요한 정보를 담고 있는 특정한 부분을 주시하기 위해 안구운동이 일어난다는 점을 활용하여, 감성평가자의 의도와 목적을 파악하는 방법으로 안구운동을 측정하는 시도가 감성과학을 비롯한 다양한 분야에서 이루어지고 있다.

2) 시각정보의 전달과정

빛은 눈의 각막과 수정체를 통과하여 망막에 있는 수용기세포인 간상세포와 원추세포에 도달하면, 빛이 가지고 있는 에너지가 전기 신호로 바뀌면서 시신경(optic nerve)에 의해 대뇌로 전달된다. 시신경은 망막에 맺힌 상을 전기·화학적 전달을 통해 약 10만분의 1초 만에 대뇌의 시각 중추가 존재하는 시각피질(visual cortex)에 전달한 다음 대상을 이해하여 시각을 지각한다.

이상과 같은 눈의 구조와 기능 그리고 시각정보가 전달되는 과정에 대한 이해를 바탕으로 색과 형태에 대한 시각적 정보를 받아들이기 위한 과정에 대해서 살펴보기로 한다.

3) 색채감각

빛은 눈을 자극하여 시각을 일으키는 물리적인 원인이며 동시에 시각적 감각의 내용이기도 하다. 빛은 전자기적 진동, 즉 전자기파의 일종으로 일반적으로 적외선, 가시광선, 자외선으로 나뉘며, 경우에 따라서는 자외선보다도 파장이 짧은 X선, Y선도 빛에 포함시킨다. 가시광선은 사람의 눈을 통해 시각을 일으킬 수 있는

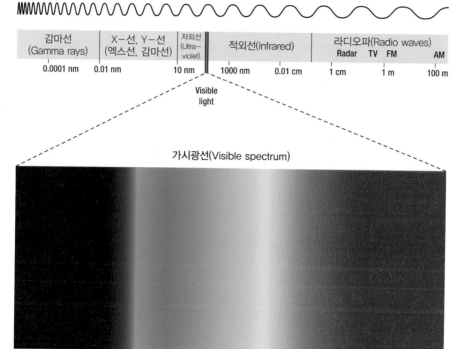

그림 3-4
가시광선의 파장

빛이며, 다양한 색광이 포함되어 있어 우리 눈에 들어와 색 감각을 일으킨다. 가
시광선보다 파장이 짧은 자외선은 각막에 흡수되고, 파장이 긴 적외선은 수정체
에서 흡수되어 망막에 도달하지 않는다. 물체가 반사하는 가시광선은 다양한 색
을 가지며 모든 색은 고유한 파장을 가지므로 그 파장을 식별하는 것으로 우리는
다양한 색을 느낄 수 있다.

태양광을 프리즘으로 분해하면 〈그림 3-4〉와 같이 여러 가지 다른 파장으로 나
누어진 색의 띠, 즉 스펙트럼이 나타난다. 파장에 따른 성질의 변화가 각각의 색
으로 나타나며 빨강색에서 보라색으로 갈수록 파장이 짧아진다. 700~610nm에
서는 빨강, 610~590nm에서는 주황, 590~570nm에서는 노랑, 약 570~500nm
에서는 초록, 500~450nm에서는 파랑, 450~400nm에서는 보라가 나타난다. 빨
강보다 파장이 긴 빛을 적외선, 보라보다 파장이 짧은 빛을 자외선이라고 한다.

색을 식별하는 시각세포인 원추세포와 간상세포는 빛의 파장과 명암을 감지해

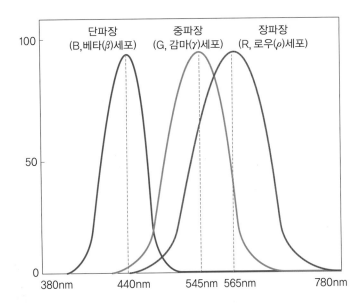

그림 3-5
세 종류의 원추세포의
파장 영역

서 외부의 색을 종합적으로 판단한다. 가시광선의 파장영역은 크게 장파장(780~600nm), 중파장(600~500nm), 단파장(500~380nm)로 나눌 수 있다. 원추세포는 이러한 가시광선의 파장에 따라 반응하는 민감성이 다른 세 종류의 세포로 이루어졌다. 〈그림 3-5〉에 나타낸 것과 같이 원추세포는 붉은색 영역을 보는 장파장 세포인 로우(ρ)세포(L-추상체), 녹색 영역을 보는 중파장 세포인 감마(γ)세포(M-추상체) 그리고 푸른색 영역을 보는 단파장 세포인 베타(β)세포(S-추상체)로 분류된다. 우리는 원추세포의 이러한 특성으로 인해 눈에 도달한 빛을 색으로 인식하게 된다.

빛에서 반사되는 가시광선 내의 특정 파장에 의해 눈의 망막에 이미지가 맺히며, 이 이미지는 원추세포와 간상세포 같은 시신경 세포에 의해 전기화학적 신호로 변환되어 뇌에 전달된다. 대뇌피질에서 전달된 전기화학적 신호를 이해하여 인체가 색을 지각하고 나아가 그 색이 갖는 감성이 형성된다. 색은 가장 직접적인 시감각이지만 사실 색이라는 것은 존재하지 않는 것으로, 단지 전자기파가 갖는 진동수에 따라서 세 종류의 원추세포가 자극되면 흥분 정도에 따라 다른 신호를 뇌가 인식하여 어떤 색인지 차별화되는 것이다. 이러한 색의 구별은 정도의 차이는 있으나 동물도 가능하다. 그러나 색을 구분하여 즐길 수 있는 색감성을 가지고 삶을 의미 있는 것으로 만드는 것은 인간만이 가능하다고 한다.

4) 형태 감각

우리가 시각적 감각에서 색 감각보다도 더 우선적으로 떠오르는 것이 물체의 형태에 대한 감각이라고 생각한다. 색과 같이 물체의 형태를 지각하는 일반적인 경우에는 특별한 노력이나 능력이 필요하지 않다. 어느 매장의 쇼윈도에 디스플레이 되어있는 신제품을 볼 때 별다른 노력 없이 쉽게 그 신제품의 형태를 누구나 파악할 수 있다.

색을 빨강이나 파랑으로 표현하고, 형태는 삼각형이나 원이라고 설명하는 경우가 많다. 색을 나타내는 빨강이나 파랑이라는 이름은 색을 구별할 수 있게 하는 빛의 파장과는 아무런 직접적인 관계가 없는 표현이다. 그러나 삼각형이나 원은 대상의 물리적, 기하학적 특성을 표현하는 것으로 감각과는 전혀 무관하게 붙여진 이름이다. 즉, 빨강은 파장이 630nm인 것 또는 R값이 255, G값은 0, B값이 0이라는 표현이 가능하지만 형태는 2차원의 단순한 도형이 아닌 물체를 색과 같이 표현하는 것은 불가능하다. 따라서 색은 색표계나 측색기를 이용하여 객관적으로 표시하고 측정할 수 있으나, 형태를 객관적으로 표현하고 측정할 수 있는 방법은 색보다 밝혀지지 않은 부분이 많다. 이것은 형태 감각에 대한 연구가 색 감각의 연구보다 늦어지고 있음을 나타낸다.

촉각적 감각 3

1) 피부의 구조와 기능

우리의 감각기관 가운데 가장 광범위한 부위를 차지하고 있는 신체 표면인 피부

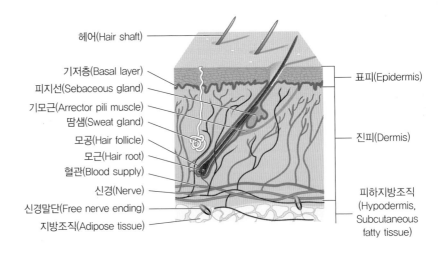

헤어(Hair shaft)

기저층(Basal layer)
피지선(Sebaceous gland)
기모근(Arrector pili muscle)
땀샘(Sweat gland)
모공(Hair follicle)
모근(Hair root)
혈관(Blood supply)
신경(Nerve)
신경말단(Free nerve ending)
지방조직(Adipose tissue)

표피(Epidermis)

진피(Dermis)

피하지방조직
(Hypodermis,
Subcutaneous
fatty tissue)

그림 3-6
피부의 구조

는 매우 다양한 외부의 자극을 받게 된다. 이러한 자극은 의식적·무의식적 과정을 통해 우리의 감성에 매우 중요한 영향을 미친다. 촉각적 감각은 피부에 작용하는 물리적 자극을 감지하는 일차적인 감각으로 복합적인 촉감이나 질감에 기여하는 가장 중요한 요소 중 하나이다. 피부에 있는 수용기들을 자극하여 발생하는 감각을 통틀어 피부감각이라고 하며, 피부감각에는 촉각, 압각, 온각, 냉각, 통각 등의 일반 감각을 비롯하여 다양한 감각들이 포함된다.

피부는 〈그림 3-6〉과 같이 기본적으로 2개의 층으로 이루어진 막이다. 아래층은 두터운 해면질의 진피(dermis)로 두께가 1~2mm이고 쿠션 역할을 하여 몸을 보호해준다. 진피에는 모낭, 땀샘, 혈관과 림프관이 분포한다. 위층인 표피(epidermis)는 두께가 0.07~0.12mm이며 비늘 모양의 세포로 이루어져 있다. 이 세포는 표피의 맨 아래쪽에 둥그렇고 통통하게 생겨나 15~30일 사이에 위로 밀려 올라오고 그 밑에서 또 새로운 세포가 만들어진다.

피부감각수용기세포(tactile cell)는 접촉에 의해 피부에 어떤 변화가 일어날 때 신호를 보내어 우리가 그 변화를 의식하게 한다. 피부감각수용기세포 중에서 대표적인 것은 다음과 같다. 신경말단(free nerve endings)은 표피에 분포하여 통각을 느끼는데 관여한다. 마이스너 소체(Meissner's corpuscle)는 진피에 있고 특히 몸통이나 팔·다리 근육의 깊은 곳 보다는 모낭 주위에 많이 분포하여 털에만 닿아도 느낄 수 있으며, 얼굴과 팔·다리 말단에 조밀하게 배열되어 있다. 이 마이스너 소체는 피부에 가해지는 압력이 균등치 않을 때 피부의 변형에 의해 나타나는 감촉의 변화 즉 촉감(texture)의 형성에 관여한다. 메르켈 소체(Merkel's corpuscle)는 주로 손가락 끝에 존재하는 촉각에 반응하는 수용기로 피부를 누르는 물체의 지속적인 접촉 즉 압력을 감지하는 능력을 가지고 있다. 파치니 소체(Pacinian corpuscle)는 진피 아래에 위치하며 편평한 동심원 상태로 배열되어 압각을 느끼는 수용기로 비교적 큰 자극이 가해져야만 압각을 느낀다. 이 파치니 소체는 피부아래조직, 근육, 관절 등에 분포되어 있어 근육이나 힘줄의 운동을 느낀다. 온각을 느끼는 루피니 소체(Ruffini's corpuscle)는 피부의 진피층 내에 존재하며 얼굴과 손에 가장 많이 분포되어 있다. 특히 피부의 신장과 같은 지속적인 변형 상태를 신호로 보내는 중요한 역할을 한다. 냉각을 느끼는 크라우제 소체(Krause's corpuscle)는 진피에 위치하며 털이 없는 입술과 같은 부위에 많이 존재한다.

이들 피부감각수용기세포는 특정 영역의 주파수의 자극에 예민하게 반응하기 때문에 특정한 유형의 촉감각과 관련이 있다. 〈그림 3-7〉에 피부감각수용기세포의 종류에 따른 반응자극의 특성을 나타낸 것과 같이, 마이스너 소체는 약 3~40Hz의 자극에 가장 잘 반응하며 거친 진동 자극을 받아들인다. 메르켈 소체

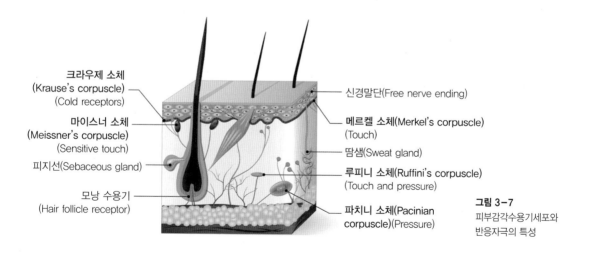

크라우제 소체
(Krause's corpuscle)
(Cold receptors)

마이스너 소체
(Meissner's corpuscle)
(Sensitive touch)

피지선(Sebaceous gland)

모낭 수용기
(Hair follicle receptor)

신경말단(Free nerve ending)

메르켈 소체(Merkel's corpuscle)
(Touch)

땀샘(Sweat gland)

루피니 소체(Ruffini's corpuscle)
(Touch and pressure)

파치니 소체(Pacinian
corpuscle)(Pressure)

그림 3-7
피부감각수용기세포와
반응자극의 특성

는 주로 0～3Hz의 정적 자극 또는 낮은 주파수 자극에서 가장 잘 반응한다. 파치니 소체는 약 200～250Hz의 진동자극에 반응한다. 루피니 소체는 피부의 당김이나 늘어남에 반응하고, 최적의 주파수는 15～400Hz 정도이다. 크라우제 소체의 경우 최적의 주파수는 10～100Hz 정도이다.

2) 피부정보의 전달과정

피부감각수용기세포에의 접촉을 통해 피부 자극이 감지되면 감각신경은 이 신호를 척수와 뇌로 전달한다. 어떤 자극이든 맨 처음 접촉에 의해 자극을 느끼거나 자극의 강도나 형태가 변화할 때 뇌는 활동이 활발해진다. 그러나 이러한 피부감각의 자극이 지루하게 이어지면 사라질 수 있다. 두꺼운 스웨터를 입으면 처음에는 피부에 닿은 느낌과 질감이나 무게를 느끼지만, 시간이 지나면 전혀 의식하지 못하게 된다. 지속적인 압력은 처음에는 피부감각수용기세포를 자극하지만 나중에는 멈춰버린다. 그래서 털옷을 입고 있어도 날씨가 더워지지 않는 이상 별로 의식하지 않는 것이다.

4 청각적 감각

1) 귀의 구조와 기능

귀는 소리를 통해 외부의 정보를 듣고 대뇌에 전달하는 감각기관임과 동시에 우리의 몸이 균형을 잡기 위한 평형 기관의 역할도 한다. 우리에게 귀는 서로의 말을 들을 수 있게 해주는 중요한 의사소통 수단이다.

〈그림 3-8〉에는 귀의 구조를 나타냈다. 청각에 대한 적당한 자극은 음파(sound wave)이다. 소리가 만들어내는 공기 중의 진동은 외이(바깥귀, external ear)에 해당하는 귓바퀴에서 모아져 외이도(바깥귀길, external auditory meatus)을 따라 중이(가운데귀, middle ear)로 전달된다. 소리가 외이도의 안쪽 끝에 있는 종이처럼

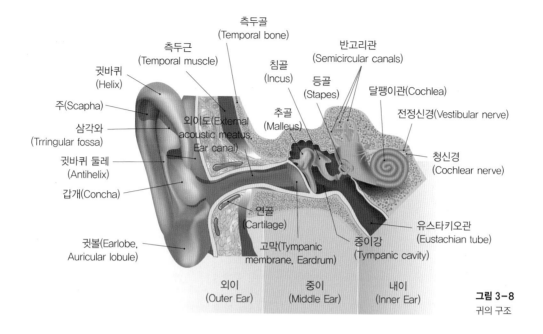

측두골
(Temporal bone)

측두근
(Temporal muscle)

침골
(Incus)

반고리관
(Semicircular canals)

귓바퀴
(Helix)

등골
(Stapes)

달팽이관(Cochlea)

주(Scapha)

추골
(Malleus)

전정신경(Vestibular nerve)

삼각와
(Trringular fossa)

외이도(External
acoustic meatus,
Ear canal)

청신경
(Cochlear nerve)

귓바퀴 둘레
(Antihelix)

갑개(Concha)

연골
(Cartilage)

유스타키오관
(Eustachian tube)

귓볼(Earlobe,
Auricular lobule)

고막(Tympanic
membrane, Eardrum)

중이강
(Tympanic cavity)

외이
(Outer Ear)

중이
(Middle Ear)

내이
(Inner Ear)

그림 3-8
귀의 구조

얇은 고막(tympanic membrane)에 도달하면 고막은 떨리고 그 진동은 중이로 전달된다. 중이는 진동을 증폭시킬 수 있는 3개의 작은 뼈인 망치뼈(malleus), 모루뼈(incus), 등자뼈(stapes)로 이루어져 있으며 진동이 이 뼈들을 움직이게 하여 진동을 내이(속귀, inner ear)로 전달한다. 내이 안쪽의 달팽이관(cochlear duct)은 달팽이 모양을 한 정밀한 기관으로 음파를 감지하는 청감각수용기세포인 유모세포(hair cell)로 가득 차 있다. 달팽이관의 입구에 가까이 있는 유모세포는 높은 음을, 안으로 갈수록 낮은 음을 느끼는 세포가 순서대로 늘어서 있다. 각각의 유모세포는 특정한 소리에만 반응하며 그 소리가 달팽이관에서 청각신경을 거쳐 대뇌로 보내져 비로소 소리로 인식된다.

2) 청감각의 전달과정

소리가 만들어낸 공기 중의 진동들은 에너지 음파를 만들어 귀 속의 특별한 감각수용기를 자극한다. 이 자극을 수용기세포에 해당하는 유모세포가 특정한 음에만 반응하며 그 소리를 전기신호로 변환한다. 전기신호로 바뀐 소리는 달팽이관에서 청각신경을 거쳐 대뇌피질로 보내져 비로소 소리로 인식된다. 따라서 실제로 소리를 듣는 곳은 대뇌피질의 청각영역으로 뇌가 소리를 인지하기까지는 복잡한 과정을 거친다. 귀는 초당 20 ~ 20만 회의 진동수까지 넓은 범위의 소리를 들을 수 있고 소리에 아주 민감해서 원자의 지름보다 작은 10억 분의 1cm인 고막의 떨림도 감지할 수 있다.

5 후각적 감각

후각은 약 1만 개의 다른 냄새를 구별할 수 있다. 눈에 보이지는 않는 화학물질이 코 안(nasal cavity)의 특별하고 민감한 조직에 닿게 되면 냄새를 맡게 된다. 냄새 분자는 휘발성으로 냄새를 발산하는 물체에서 떨어져 공기 속을 떠다니다가 코로 공기를 들이마시면 공기와 함께 콧속으로 들어와 냄새가 된다.

1) 코의 구조와 기능

〈그림 3-9〉에 나타낸 것과 같이 코 안의 벽은 전체적으로 점막으로 덮여 있어 이를 후각점막(olfactory mucosa)이라고 하며, 이 점막에서는 끈끈한 점액을 분비한

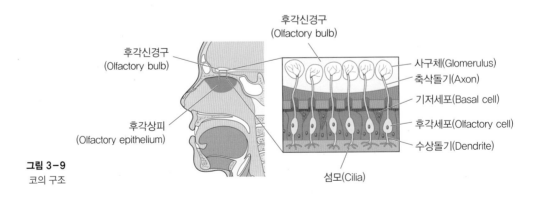

그림 3-9
코의 구조

다. 양쪽 콧구멍 위쪽에는 후각상피(olfactory epithelium)가 있으며 그 속에 후감각수용기세포(olfactory cell)가 있다. 이 후감각수용기세포의 끝에는 냄새털(후각털, olfactory hair)이 나 있으며 후각점막의 샘에서 분비한 점액 속에 묻혀 있다.

2) 후감각의 전달과정

우리가 어떤 냄새를 맡을 때 냄새 입자들은 코 안의 특별하고 민감한 조직에 닿게 된다. 여기에는 냄새입자들에게서 자극을 받은 수백만 개의 작은 후각 신경말단이 있다. 이 신경들은 뇌로 이어지는 후각신경(olfactory nerve)과 연결된다. 그리고 신호가 전달되면 뇌의 신호를 특정 냄새로 해석한다. 자세히 살펴보면 냄새를 내는 물질이 코 속으로 들어오면 이 후각점막의 점액에 냄새물질이 달라붙어 녹으면서 냄새털(후각털)과 만나 전기적으로 흥분하여 그 전기적 신호가 후각세포에서 나오는 가는 후각신경을 따라 신호가 대뇌에 전달되면 우리는 냄새를 알게 된다.

3) 냄새를 느끼는 방법

냄새를 가림과 변조라는 2가지 과정을 통해 느낄 수 있다. 좋은 냄새를 악취보다 강하게 흘려 보냄으로써, 좋은 냄새를 느끼지만 악취를 느끼는 감은 약해지는 경우가 있다. 이러한 현상을 가림(masking) 또는 은폐라고 한다. 이것은 악취물질이 없어진 것이 아니라 감각적으로 그렇게 느끼는 것이기 때문에 감각적 소취라는 단어가 사용되기도 한다. 이는 2가지 냄새물질을 혼합했을 때, 그 냄새의 세기가 2가지 물질의 냄새 세기를 합한 세기보다는 적고 그 평균보다는 커지게 되어 각각의 냄새를 느끼는 세기는 단독일 때의 냄새보다 약해진다고 하는 일반규칙을 따른다고 할 수 있다. 이 가림은 약한 냄새에 대해서는 매우 효과적이지만 악취가 강할수록 효과가 떨어진다. 이 가림효과를 정교하게 이용한 것이 화장실이나 실내용 방향제이며, 넓게 보면 향수나 코롱류도 체취나 의류 냄새의 가림효과를 노렸다고 할 수 있다.

위와 같이 여러 가지 냄새를 혼합하면 냄새의 세기도 변화되지만 질적 변화도
일어난다. 냄새끼리 혼합에 의해 전혀 다른 냄새를 느끼거나 냄새의 뉘앙스가 달
아지는 것을 냄새의 변조(modification)라고 한다. 일상적으로 느끼는 악취도 단
일 물질의 냄새인 경우가 드물고 대부분 혼합냄새이다. 말하자면, 정도는 여러 가
지지만 대부분은 변조된 냄새이다. 이 변조를 정교히 이용한 것이 각종 조합향료
로써 향수 등은 그 극치를 이룬 것이라고 할 수 있다. 가까운 예를 들어보면 콜라
향은 바닐라, 생강, 계피냄새 그리고 레몬 또는 라임 향을 섞어 만든 것이다.

6 미각적 감각

1) 혀의 구조와 기능

〈그림 3-10〉과 같이 혀의 표면에는 좁쌀 모양의 수많은 작은 돌기인 유두(lingual
papillae)가 분포되어 있으며, 미뢰가 들어있다. 꽃봉오리 모양의 미뢰(taste bud)

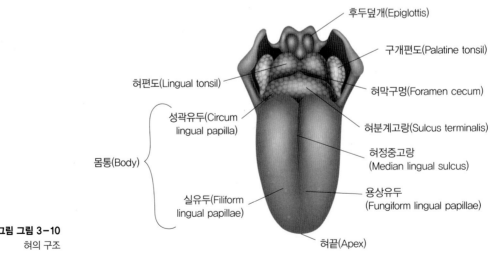

그림 그림 3-10
혀의 구조

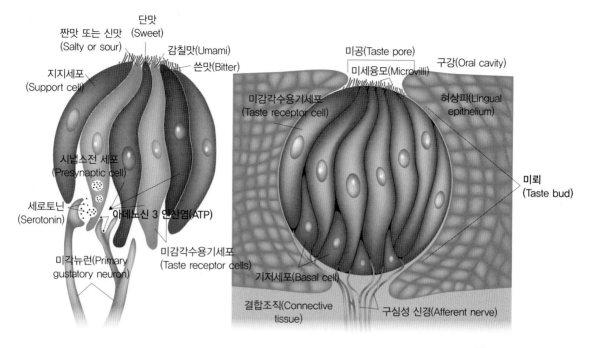

지지세포
(Support cell)

짠맛 또는 신맛
(Salty or sour)

단맛
(Sweet)

감칠맛(Umami)

쓴맛(Bitter)

시냅스전 세포
(Presynaptic cell)

세로토닌
(Serotonin)

아데노신 3 인산염(ATP)

미각뉴런(Primary
gustatory neuron)

미감각수용기세포
(Taste receptor cells)

미공(Taste pore)

미세융모(Microvilli)

구강(Oral cavity)

미감각수용기세포
(Taste receptor cell)

혀상피(Lingual
epithelium)

미뢰
(Taste bud)

기저세포(Basal cell)

결합조직(Connective
tissue)

구심성 신경(Afferent nerve)

그림 3-11
미감각수용기세포

는 높이 약 80μm, 너비 약 40μm로, 유두의 양옆 아래쪽에 위치하며 미감각수용
기세포(taste cell)가 있다〈그림 3-11〉. 미뢰의 상단에는 미공(taste pore)이 있어
표면에 개구하고 있으며, 미뢰 하단에는 몇 개의 신경섬유가 들어가 있다.

미감각수용기세포는 맛을 느끼는 세포로 성인의 혀에 약 1만 개가 존재하며 미
뢰 안에 50~100개 정도 존재한다. 각각의 미감각수용기세포에는 미세융모라는
길쭉한 꼭지가 몇 개씩 튀어나와 있어 미뢰 표면의 미공에 연결되어 있다. 이것이
자극에 반응하여 세포 내에서 전기적인 변화를 일으켜 화학 신호를 뇌에 전달한
다. 외부환경에 노출되어 있어 쉽게 손상되지만 계속 재생되기 때문에 나이가 들
어도 미각이 급격하게 둔해지지는 않는다. 미감각의 경우 감각적응이 빠른 편이
기 때문에 자극을 받은 후 3~5초가 지나면 부분적으로 적응이 일어나 느껴지는
맛의 강도가 처음보다 감소하며, 1~5분이 지나면 수용체가 자극에 완전히 적응
하여 더 이상 맛을 느끼지 못하게 된다.

2) 미감각의 전달과정

미감각은 화학적 감각의 하나로서, 미뢰 안에 있는 미감각수용기세포를 통해 자극을 받아들인다. 좁은 의미로는 혀에 있는 미뢰에서 느끼는 감각으로 화학물질의 자극이 맛으로 느껴지기 때문에 화학적 미각이라고도 한다. 미감각수용기세포는 침에 녹은 화학물질에 의해 자극을 받는 화학수용체이므로 침은 맛을 느끼는 데 매우 중요하다. 건조한 혀에 가루 상태의 물질을 올려놓으면 즉시 맛을 느끼지 못하는 것은 이와 같은 이유 때문이다. 인간이 맛을 느낄 수 있는 역치를 taste threshold 라고 하며, 가령 짠맛의 경우 소금의 농도가 10mM일 때 짠맛을 느낄 수 있고 단맛의 경우 설탕의 농도가 20mM일 때 단맛을 느낄 수 있다.

미감각은 단맛, 신맛, 쓴맛, 짠맛, 감칠맛의 다섯 가지로 구별된다(그림 3-12). 혀의 끝부분은 모든 미각에 가장 민감하지만 특히 단맛과 짠맛의 역치값이 낮아 단맛과 짠맛에 대하여 가장 민감하다. 혀의 측면은 신맛에 민감하며 짠맛도 느낀다. 혀의 뿌리부분은 쓴맛에 민감하다. 혀의 부위에 따라 느낄 수 있는 맛의 종류가 다른 것은 맛을 수용하는 미감각수용기세포가 골고루 분포하지 않았기 때문이다. 그러나 감칠맛의 경우 혀의 곳곳에 미감각수용기세포가 분포되어 있다. 떫은 맛과 매운맛은 혀의 미뢰에 있는 미감각수용기세포에서 느끼는 순수한 맛이 아니라 물리적인 자극에 의해 느끼는 맛으로 혀의 표면에 통점이나 압점을 자극해서 느끼는 감각이다.

우리가 음식을 섭취하면 음식물의 화학물질이 물이나 침과 만나 액체상태의 물질로 녹게 된다. 액체상태의 물질은 혀의 유두 속의 미뢰에 분포한 미감각수용기

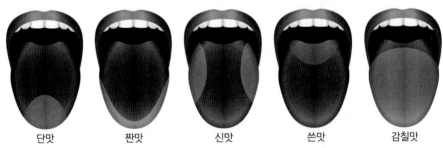

그림 3-12
다섯 가지 미감각

단맛　　　짠맛　　　신맛　　　쓴맛　　　감칠맛

세포가 자극에 의해 흥분하게 되면, 눈에 보이지 않는 자극이 미신경(gustatory nerve)을 통해 대뇌로 전달된다. 대뇌에 전달되면 비로소 맛을 감지하게 된다. 이 때 혀는 음식물을 침과 잘 섞어주고 목구멍으로 밀어 넣는 기능을 하며, 침은 음식물을 액체상태로 바꿔주는 것을 도와주는 역할을 한다.

2부

감성평가방법

2부에서는 감성의류과학을 연구하기 위한 감성평가 방법에 대해 알아본다.

4장에서는 심리적·경험적 감성평가방법에 대해 다룬다.

5장에서는 생리적 감성평가방법에 대해 다룬다.

6장에서는 행위적 감성평가방법과 그 외의 다른 감성평가방법에 대해 다룬다.

7장에서는 위의 감성평가방법을 통해 추출한 감성 데이터의 분석 이론에 대해 다룬다.

4장
심리적
· 경험적
감성평가

미국의 심리학자 손다이크(Thorndike, E.) 등은 존재하는 것은 무엇이든 어느 양만큼 존재하며, 양으로 존재하는 것은 무엇이든지 측정할 수 있다고 하였다. 또한 존슨(Johnson, H.M)은 정량적으로 측정할 수 있는 것만이 과학적 사실이므로 과학적이 되기 위해서는 정량적으로 측정할 수 있어야 한다고 했다. 존재하는 것이기는 하지만 명확하게 정의를 내리거나 완벽하게 이해하기 어려운 대상일지라도 정의하고 평가하는 것은 가능하다. 예를 들어 이론적 수준에서는 완벽하게 압력을 이해하지 못해도 의복압 측정계로 의복압을 측정할 수 있으며, 여러 가지 많은 물리적 변인들을 깊이 이해하지 못해도 측정할 수는 있다. 또한, 명확하게 정의하거나 설명할 수 없는 다른 많은 것들을 관련 연구 분야에서 측정하려는 시도가 이루어지고 있으며 그 결과 정량화가 이루어지고 있다. 감성도 명확하게 규정하기는 어려우나 분명히 존재하는 것이므로 양을 지니고 있으며, 감성을 과학화하기 위해서는 이를 측정하여 정량화시키는 것이 필요하다.

감성평가방법은 감성에 대한 평가를 스스로 느낀 것을 토대로 하는 심리적·경험적 평가방법, 생리신호를 이용하는 생리적 평가방법, 물리량을 이용하여 감성을 평가하는 물리적 평가방법, 그리고 행동을 관찰하는 행위적 평가방법으로 분류할 수 있다. 먼저 심리적·경험적 감성평가방법에 대해 살펴보고자 한다. 심리적·경험적 감성평가방법이란 감성을 물리량으로 측정할 수 있는 적절한 언어나 기호를 이용하여 수량화하는 평가방법이다. 의류제품이 가지고 있는 감성을 타인에게 전달하려고 할 때 언어, 기호 등은 가장 쉽게 감성을 표현할 수 있는 도구이므로 이를 활용한 심리적·경험적 감성평가는 감성 연구에서 가장 많이 활용되어 왔다. 이와 같이 다양한 감성을 평가자가 직접 느낀 것을 기반으로 감성을 평가하는 심리적·경험적 감성평가는 감성을 물리적 파라미터, 즉 물리량으로 측정할 수 있어야만 제품 설계 및 생산에 과학적으로 활용할 수 있다. 언어를 사용하여 감성을 평가하는 가장 대표적인 방법은 감성 형용사를 활용한 의미미분척도법과 리커드척도법 등을 들 수 있다. 숫자를 이용한 감성평가방법으로 일대일 비교법, 순위법, 크기평가법 등을 들 수 있다. 기호나 그림을 이용한 방법으로는 셀프어세스먼트 마네킹을 들 수 있다.

학습목표

1. 심리적·경험적 감성평가를 위한 척도와 척도화에 대해 학습한다.
2. 심리적·경험적 감성평가방법에 대한 이론을 학습하고 예를 통해 그 과정을 학습한다.

척도화 1

몸무게는 체중계라는 도구를 이용하여 kg 단위로 측정하고, 신장을 자를 도구로 이용하여 cm 단위로 측정한다. 감성을 언어나 기호를 도구로 하여 평가하고자 할 때에도 kg이나 cm와 같이 평가하고자 하는 대상이 갖는 상대적 또는 절대적인 위치를 표현하는 수치 체계, 즉 척도(scale)가 필요하며, 이러한 과정을 척도화(scaling)라고 한다. 감성과학에서는 평가대상의 감성을 수량화하는 과정을 의미하며, 평가대상이 갖는 감성의 특성을 양적인 데이터로 표현할 수 있는 척도를 만드는 것이다. 척도는 평가자가 느끼는 감각이나 감정의 질적 특성을 특정한 기준에 의거하여 양적인 개념(숫자)으로 표현하고 측정하고 분석하고자 할 때 널리 사용된다.

의복 사이즈를 A는 55, B는 66으로 나타낸다면 이 수치는 의복의 크기를 척도화한 것이다. 66이 55보다 크기 때문에 B가 A보다 인체 사이즈가 큰 사람이 입을 수 있다는 의복의 크기가 이 수치체계에 반영되어 있다. 척도화를 통해 대상에게 수치를 부여하는 이유는 일관성 있는 체계로 대상의 특성을 표현하여 그 대상에 대한 의사소통, 이해와 상대적인 비교 분석을 가능하게 하기 위해서이다. 사람이 서로 다른 임의적인 기준으로 수치를 부여한다면 의사소통이나 상대적 비교 분석이 불가능하므로 서로 같은 원점(origin)과 단위(unit)를 사용하여 일관성 있고 보편적이며 통일된 의미를 갖도록 척도화한다.

감성과학에서는 평가대상의 물리적(physics) 특성에 대한 척도화와 인간의 마음에 투영된 심리적(psycho) 특성에 대한 척도화를 분리하여 생각할 수 있다. 일반적으로 물리적 특성의 차이와 심리적 특성의 차이가 반드시 동일한 의미, 즉 1:1의 의미를 가지지 않으며, 물리적 특성의 단위와 심리적 특성의 단위가 동일하지 않으므로 인간이 2가지 자극 사이의 차이를 식별할 수 있는 최소 강도차이를 최소가지차(just noticeable difference, JND)라는 단위를 사용하여 표현하기도 한다.

의류를 평가대상으로 하는 감성의류과학에서는 의류제품의 물리적 특성에 대한 척도화와 크기와 형태, 색채 그리고 촉감 등에 대한 심리적 특성, 즉 감성에 대한 척도화가 필요하며, 나아가 이들 물리적 특성에 의해 형성되는 감성 척도가 동시에 요구된다. 의류는 다른 평가대상보다 물리적 특성이 너무 다양하여 이를 명확하게 분류하고 수치화하는 데 어려움이 많으며, 물리적 특성의 다양성에 의해 형성되는 심리적 특성 즉 감성의 형성도 다채롭기 때문에 의류제품의 물리적 · 감성적 특성에 대한 척도화 과정이 감성평가의 가장 기초적인 중요한 과정이라고 할 수 있다.

평가대상의 특성을 숫자로 표현하기 위해 어떤 척도를 기준으로 하느냐에 따라 명목척도, 순위척도, 등간척도, 비율척도로 나눌 수 있다. 감성평가 결과의 분석은 이들 척도의 특성에 따라 적용 가능한 통계분석 방법도 달라지므로, 척도의 종류를 정하기에 앞서 사전에 감성평가의 목적과 분석방법을 고려하여 선택해야만 원하는 결과를 얻을 수 있다. 〈표 4-1〉에는 척도의 종류에 따른 특성과 적용 예를

표 4-1
척도 종류에 따른
특성과 적용 예

척도	특성	적용 예		
명목 척도	대상의 특성을 구분	의류제품의 고유번호 부여	1 3 8	
순위 척도	대상의 특성에 대한 상대적인 위치를 나타내며, 숫자의 차이에 의미를 부여할 수 없음	의류제품이 마음에 드는 순위	1등 2등 3등	
등간 척도	숫자들 사이의 차이에 의미를 부여할 수 있으나, 0은 아무런 의미를 갖지 않음	평가자가 7점 만점을 기준으로 패션성 평가	5.7점 6.9점 3.5점	
비율척도	숫자들의 비율에 의미를 부여할 수 있으며, 0은 zero를 의미함	의류의 전체 길이 측정	51cm 60cm 45cm	

나타냈다.

1) 명목(명명)척도

의류제품을 특성에 따라 분류(classification/categorization)하는 것을 목적으로 하여 이름을 대신하여 숫자를 부여하여 만든 척도를 명목척도(nominal scale)라고 한다. 평가자를 성별에 따라 구분하여 '남자'는 1, '여자'는 2라고 숫자를 부여하거나 〈표 4-1〉에 나타낸 것과 같이 의류제품의 고유번호 또는 의류제품의 종류에 따라 '흰 폴로셔츠'는 1, '파란 폴로셔츠'는 2, '줄무늬 폴로셔츠'는 3이라고 부여하는 것을 말한다.

이 경우 1 또는 2라는 수는 보통의 수량적 의미는 없고, 단순히 그 대상 또는 집단의 명칭을 대신한다. 그러므로 수학적 계산은 의미가 없으며 1과 2의 차이는 양이 아니라 질적인 차이를 나타낸다. 명목척도를 사용하여 평가한 것은 빈도(frequency)에 대한 분석만이 가능하며, 전체 집단에 대한 대표치는 분류된 집단 중 소속 개체의 수가 가장 많은 집단을 나타내는 수를 의미하는 최빈치(mode)를 이용하여 분석할 수 있다.

2) 순위(서열)척도

평가대상들을 서로 비교하기 위하여 어떤 특성의 많고 적음 또는 크고 작음에 따라 숫자를 부여하여 만든 척도가 순위척도(ordinal scale)이다. 예를 들어, 평가자를 연령이나 신장이 큰 순서대로 1, 2, 3… 식으로 번호를 매기거나 〈표 4-1〉과 같이 의류제품을 마음에 드는 순서대로 선호도 순위를 매겨 숫자를 부여하는 것을 말한다.

순위척도는 특성에 대한 상대적인 값을 매기는 것으로 숫자들 사이의 차이는 반드시 동일하지 않기 때문에 의미를 부여할 수는 없다. 순위는 4등이 3등보다 크고, 2등이 3등보다 작다는 관계(4>3, 3>2)는 성립하지만, 4등에서 3등을 뺀 것과

3등에서 2등을 뺀 것이 같다는 관계(4 − 3 = 3 − 2)는 성립하지 않는다. 이는 4등과 3등의 선호도 차이는 2등과 3등의 선호도 차이와 같다고 가정할 수 없음을 의미한다. 순위척도를 사용해 평가된 데이터는 중앙치(median), 즉 전체 평가대상들의 특성을 순위에 따라 나열했을 때 가운데에 위치한 평가자의 반응을 의미하며, 이 값이 전체 평가대상을 대표하게 된다. 순위척도를 이용한 선호도의 순위를 등간척도로 가정하고 통계 분석할 수 있다.

이상의 명명척도와 순위척도는 대상의 특성을 수치적으로 평가할 수 없는 질적인 특성을 수치화 한 것으로 범주형 척도(categorical scale)라고도 한다.

3) 등간(간격)척도

순위척도에서와 같이 양적인 순서를 가지고 있을 뿐만 아니라 연속되는 숫자들 사이의 간격도 동일하게 일정한 척도를 등간척도(interval scale)라고 한다. 의류제품에 대한 감성을 감성어휘를 이용하여 평가할 때, 감성어휘를 일정한 간격으로 분할하여 그 의미의 정도를 숫자로 평가하게 하는 의미미분척도(Semantic Differential Scale, SDS)나, 리커드척도(Likert scale) 등이 여기에 해당한다. 예를 들면, 〈표 4-1〉에서 평가자가 7점 만점을 기준으로 패션성을 평가하여 점수를 부여하는 것을 말한다.

등간척도는 순위척도에 포함된 정보 외에 평가대상들 사이의 특성 차이를 비교할 수 있다. 평가값이 갖는 2와 3사이의 차이는 3과 4사이의 차이와 같으며, 1과 2의 차이는 2와 4의 차이의 절반을 의미하므로 덧셈과 뺄셈이 가능하다. 그러나 절대적인 0점을 갖지 않아 임의의 0점은 아무런 의미를 가지지 않으므로 곱하거나 나누는 것은 불가능하다. 등간척도를 통해 평가된 데이터는 대표치(central tendency)로 산술평균(arithmetic mean)을 사용하며, 데이터의 흩어진 정도는 분산(variance)과 표준편차(standard deviation)를 사용해서 분석할 수 있다.

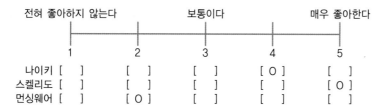

＊순위척도
다음의 골프웨어에 대한 귀하의 선호도는 어느 정도입니까?
가장 좋아하는 것은 1번, 그 다음으로 좋아하는 것은 2번으로 순위를 표시해 주십시오.

나이키 [2]   스켈리도 [1]   먼싱웨어 [3]

＊등간척도
다음의 골프웨어에 대한 귀하의 선호도는 어느 정도입니까?
다음의 척도를 이용하여 응답해 주시기 바랍니다.

전혀 좋아하지 않는다   보통이다   매우 좋아한다

1   2   3   4   5

나이키 [   ]   [   ]   [   ]   [O]   [   ]
스켈리도 [   ]   [   ]   [   ]   [   ]   [O]
먼싱웨어 [   ]   [O]   [   ]   [   ]   [   ]

＊비율척도
다음의 골프웨어에 대한 귀하의 선호 정도를 0~100점 사이에서 골라 기입해 주시기 바랍니다.
(전혀 좋아하지 않는다면 0점, 완벽하게 좋아한다면 100점)

나이키 (90점)   스켈리도 (95점)   먼싱웨어 (78점)

그림 4-1
다양한 척도를 사용한
골프 웨어의 선호도 조사

4) 비율(비례)척도

명목, 순위, 등간척도의 여러 원리들을 다 만족시키면서 절대 영점을 갖는 척도를
비율척도(ratio scale)라고 한다. 등간 척도에서는 얼마의 측정단위만큼 더 큰가
하는 수량적인 비교가 가능하지만, 비율척도에서는 몇 배나 더 큰가 하는 비율적
인 비교와 판단도 가능하다. 예를 들어, 〈표 4-1〉에 나타낸 것과 같이 의류제품의
전체적 또는 부분적인 사이즈 등을 실제로 계측하여 그 값을 사용한 경우에 해당
한다. 비율척도는 실제 수량과 같기 때문에 모든 수학적 연산이 가능하며, 직접
측정할 수 있는 물리적 사건이나 현상을 측정하는 데 주로 사용된다. 비율척도의
대표치는 산술평균이다.

　등간척도와 비율척도는 양적인 수치가 의미 있는 대상의 특성을 나타내는 정량적
인 특성(metric data)을 수치화 한 것으로 연속형 척도(continuous scale)라고 한다.

〈그림 4-1〉에는 3가지 골프 웨어 브랜드에 대한 선호도를 순위척도, 등간척도, 비율척도를 이용하여 평가한 예를 나타냈다. 순위척도를 이용한 경우 스켈리도, 나이키, 먼싱웨어의 순으로 선호함을 알 수 있으나, 3가지 브랜드를 상대적으로 비교한 것으로 스켈리도와 나이키 그리고 나이키와 먼싱웨어의 선호도 차이가 같은지 다른지는 알 수 없다. 등간척도를 이용한 경우에는, 순위척도를 이용하여 평가한 결과와 같으나, 스켈리도는 매우 좋아하고, 나이키는 보통과 매우 좋아한다의 사이 그리고 먼싱웨어는 보통과 좋아하지 않는다의 사이에 각각의 절대적 선호도가 위치함을 알 수 있다. 또한 나이키와 먼싱웨어가 스켈리도와 나이키의 선호도 차이보다 약 2배 정도 큼을 알 수 있다. 비율척도를 이용한 경우, 스켈리도 95점, 나이키 90점, 먼싱웨어 78점으로 스켈리도를 나이키보다 약 5점 정도 선호하며, 나이키는 먼싱웨어 보다 12점이나 높게 평가됨을 알 수 있다.

이상의 결과를 통해 비율척도에서는 선호도 순위는 물론 절대적인 선호 정도 그리고 각각의 선호도의 차이를 명확하게 알 수 있다. 따라서 의류제품의 감성평가에서 얻어진 결과를 제품 디자인이나 설계에 피드백 시키기 위해서는 등간척도나 비율척도를 사용하는 것이 바람직하다. 이와 같이 사용하는 척도에 따라 평가 결과로부터 추출해 낼 수 있는 정보의 양과 특성이 달라지고, 결과를 분석하기 위한 통계적인 방법의 결정에도 영향을 미치므로 목적에 맞는 척도를 사용해야만 원하는 결과를 이끌어 낼 수 있다.

2 평가방법

심리적 · 경험적 평가방법은 데이터를 수집하기에는 상대적으로 간편하지만, 결과의 해석이 반드시 용이하지는 않고, 감성을 척도상에서 평가하도록 하기 때문에 사람마다 기준이 서로 다르기 때문에 정밀하지 않을 수 있다. 그럼에도 불구하고 다른 좋은 측정방법이 없는 경우에는 일반적으로 가장 널리 사용되고 있는 방법이다.

평가대상에 대한 아름다움의 정도를 5라고 평가한 후 며칠 뒤에 2라고 평가하였다면, 5라는 평가가 다른 사람의 5라는 평가와 다른 의미를 가진다고 해도 며칠 사이에 아름다움의 정도에 대한 평가가 낮아졌음을 의미한다고 할 수 있다. 그리고 아름다움은 5로 평가하고 우아함은 2로 평가하였다면 분명 그 대상은 평가자에게 있어 우아하기보다는 아름답다는 것을 의미하는 것이다. 이와 같이 심리적 경험적 평가방법은 시간 경과에 따른 감성의 변화나 서로 다른 정서들의 상대적인 평가에 관심이 있다면 감성평가에 효과적이다.

명목척도, 순위척도, 등간척도, 비율척도와 같은 척도분류 외에도, 감성을 평가하는 척도의 기준이 비교를 통한 상대적인 것이냐 절대적인 것이냐에 따라 척도를 구분할 수 있다. 평가하고자 하는 의류제품이 2가지 이상일 때 대상을 직접 비교하면서 상대적으로 측정하는 비교척도(comparative scale)와 한 대상의 측정결과가 다른 대상의 측정결과와는 관계없이 절대적인 기준에 의한 평가가 이루어지는 정량척도(metric scale)가 있다.

이러한 척도의 기준에 따라 주관적 감성평가에 활용할 수 있는 방법이 달라진다. 상대적인 척도 기준을 갖는 비교척도는 순위나 순서를 매겨서 평가하는 순위척도에 해당하며 일대일 비교법, 순위법을 활용하여 평가한다. 절대적인 척도 기준을 갖는 정량척도는 리커드척도법, 의미미분척도법 그리고 셀프어세스먼트 마네킹과 같은 등간척도와 크기평가법 비율척도에 해당하며 이들을 이용하여 감성을 평가한다.

1) 일대일 비교법

일대일 비교법(paired comparison method)은 여러 개의 의류제품을 평가 항목에 따라 평가하여 순위를 부여하고 싶은 경우에 2개씩 짝을 지어 비교하는 방법이다. 전체 n개의 평가대상 중에서 2개, 즉 한 쌍을 꺼내어 이 중 어느 쪽의 강도가 높은지 또는 좋은지를 $_nC_2$의 조합 수만큼 평가하여 그 결과로부터 감성 척도를 구하는 방법이다. 일대일 비교법은 비교가 용이하기 때문에 일반인을 대상으로 하는 감성평가에 많이 사용되고 있으나 평가대상의 수가 많은 경우에는 조합의 수가 많아지는 단점이 있다.

브래지어 디자인의 선호도를 일대일 비교법을 이용하여 평가하는 과정은 다음과 같다. 10가지 브래지어의 디자인 선호도를 $_{10}C_2$에 의해 전부 45쌍의 조합을 일대일 비교하여 평가하게 한다. 평가한 결과는 엑셀 등을 이용하여 입력한다. 평가에 참가한 40명의 평가자는 "기준이 되는 브래지어(j)"와 "나머지 9개의 브래지어(i)" 디자인을 비교하여 기준이 되는 브래지어(j)를 선호할 때 1, 비교되는 브래지어(i)를 선호할 때 0을 입력한다. 그런다음, 각각의 비교 브래지어에서 브래지어(j)를 선호하는 경우의 빈도, 즉 1이 입력된 빈도를 합산한다. 그리고 전체 평가자 40명 중에서 브래지어(i)보다 브래지어(j)를 더 선호하는 사람의 비율을 산출한다. 예를 들어 브래지어B(i)보다 브래지어A(j)를 더 선호하는 사람의 빈도 18명을 전체 평가자 40명으로 나누면, 브래지어B(i)보다 브래지어A(j)를 더 선호할 비율은 45%이고 반대로 브래지어A(j)보다 브래지어B(i)를 더 선호할 비율은 100%−45%=55%이다.

그런 다음, 비율에 대한 확률변수(Z)값을 역으로 구한다. 평균이 0이고 표준편차가 1인 경우 확률이 45%가 나오게 하는 확률변수 값은 −0.126이 된다. 엑셀을 사용하여 확률변수(Z)값을 구하는 경우에는 엑셀함수 표준정규누적분포의 역함수를 구하는 통계함수(NORMSINV)를 사용한다. 확률변수(Z) 값을 산출하여 브래지어(j)에 대한 합($\sum_i Z_{ij}$)과 평균(μ_j)을 산출한 후 가장 적은 값을 나타내는 평균(μ_j)의 절대값을 평균(μ_j)에 더한 값 R_j, 즉 감각척도를 구한다. 브래지어 디자인 중에서 감각척도 R_j값이 클수록 더 선호한다는 것을 뜻한다. 따라서 10개의 브래지어 디자인을 40명의 평가자가 선호도를 평가한 결과, 감각척도 R_j값이 가장 큰 브래지어J를 선호하고 감각척도 R_j값이 가장 작은 브래지어A를 가장 선호하지 않음을 의미한다.

2) 순위법

특성이 조금씩 다른 복수의 평가대상을 랜덤으로 제시하여 자극이나 선호도의 크기에 따라서 순위를 매겨 그 빈도분포의 중앙치(median)를 척도값으로 하는 방법을 순위법(rank order method)이라고 한다. 순위법에서 산출할 수 있는 순위상관계수(rank correlation coefficient)인 Kendall의 τ(tau)와 Spearman의 ρ(rho)가 있다. Spearman의 ρ는 물리적인 순위와 평가자들이 평가한 순위의 차이에서 순위를 잘 매기는 사람을 찾아낼 수 있다. 따라서 Spearman의 ρ는 평가특성과 평가자의 평가와의 관계를 검사할 수 있다. 두 번째 Kendall의 τ는 여러 명의 평가자들이 매긴 순위 설정이 어느 정도 일치하는가를 나타내는 판단순위의 일치성을 구할 수 있다. 즉 복수 평가자들이 매긴 평가순서의 일반성을 검정할 수 있다.

순위법은 비교대상이 많지 않은 경우(대개 5~7개 정도)에는 다른 척도법에 비해 일반 소비자들이 응답하기 용이한 방법이다. 하지만 비교대상이 많아지면 비교해야 하는 경우의 수가 급증하게 되어 응답에 어려움이 생기게 되며, 선호의 정도에 대한 상대적 평가가 불가능하다는 단점이 있다.

3) 리커드척도법

리커드척도법(Likert scale method)은 평가자가 감성어휘나 측정문항을 읽고 평가대상의 감성이 갖는 특성에 대한 긍정-부정 또는 찬성-반대의 정도를 5점(1=매우 만족, …, 5=매우 불만족) 또는 7점 (1=매우 만족, …, 7=매우 불만족) 척도로 표현하는 것이다. 리커드척도는 각 항목에 대한 평가치의 평균으로부터 평가결과를 얻을 수 있다. 리커드척도는 만들기가 간단하고 관리하기가 편리하며 평가자가 이해하기 쉬워 평가대상의 특성이나 강도를 나타내기 쉽다. 리커드척도를 이용하는 경우 총 평가 점수가 높을수록 긍정적인 평가를 나타내도록 측정항목에 대한 평가 점수를 다시 조정한 후 합산하여야 한다.

4) 의미미분척도법

의류제품과 관련된 주관적 감성평가방법에서 현재 가장 많이 사용되는 방법이 의미미분척도법(Semantic Differential Scale method, SDS법)이다. 의미미분척도법은 평가대상의 특성을 나타내는 서로 상반되는 의미의 감성 형용사를 척도의 양 끝에 표시하여 평가자의 느낌이나 생각의 정도를 해당하는 위치에 표시하게 하여 평가하는 방법이다. 의미미분척도법에 사용되는 일반적인 척도의 형태는 대칭되는 의미의 감성 형용사를 척도의 양쪽, 즉 양(+)과 음(−) 또는 최대값과 최소값을 갖는 끝부분에 제시하고 그 사이를 일정한 간격을 갖는 5점 또는 7점 척도로 표현한다. 의미미분척도법은 감성 형용사의 의미 차이를 통해 대상의 특성이나 감성을 주관적으로 평가하는 방법으로, 그 결과는 평균 점수를 산출하여 프로파일분석(profile analysis)을 통해 평가대상들 사이의 차이를 파악할 수 있다. 또한 한 가지 감성이나 특성일지라도 다양한 감성 형용사로 표현될 수 있으므로 통계적 분석방법 중에서 요인분석(factor analysis)을 이용하여, 같은 감성이나 특성을 나타내는 단어들 중에서 독립성이 높은 단어 그룹을 추출하여 그 그룹을 대표하는 단어로 평가대상의 감성이나 특성을 나타낼 수 있다.

의미미분척도법은 Osgood 등이 세계 각국의 어휘가 가지고 있는 의미가 어느 정도 유사한지를 조사하는 비교문화 연구의 목적으로 개발하였다. 최근에는 기업의 이미지와 제품의 이미지를 파악하기 위한 연구방법으로 많이 사용되고 있을 뿐만 아니라 제품의 일반적인 기능이나 성능 등을 포함한 디자인 평가에도 널리 사용되고 있다. 감성과학에서는 1980년대 후반부터 일본 나가마치(長村) 교수에 의해 제품 평가에 의미미분척도법을 적용한 후 사용되기 시작하였다. 감성 형용사로 나타낸 감각, 감정 그리고 감성을 정리, 통합하여 이를 평가하는데 의미미분척도법을 활용하여 감성평가가 활발하게 이루어지고 있을 뿐만 아니라 다양한 분야의 제품 개발 및 디자인 평가에서 그 효과를 확인하였다.

(1) 절차

의미미분척도법을 이용한 감성평가의 절차를 〈그림 4-2〉에 나타냈다.

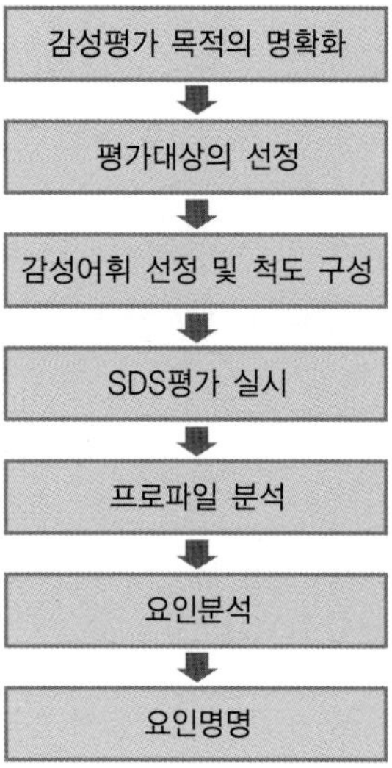

① 감성평가 목적의 명확화

감성평가를 실시하는 목적을 명확하게 확립한다. 목
적이 분명해야만 그에 알맞은 척도와 평가 도구와 방
법들을 선정할 수 있으며, 이를 위해서는 평가대상에
대한 폭넓은 이해와 전문적인 지식이 요구된다.

② 평가대상의 선정

평가대상이 가지고 있는 감성을 평가하기 위해서는
콘셉트를 달리하는 다수의 디자인을 준비하여 평가
목적에 따라 대표성을 지니는 것을 선정한다. 이때 평
가대상을 제시하는 방법(실물, 사진, 슬라이드, 영상

등)에 따라 고려해야 할 점을 미리 파악하여 그에 적합한 것을 선정한다.

그림 4-2
의미미분척도법의 절차

③ 감성어휘 선정 및 척도 구성

평가대상이 포함하고 있는 감성 형용사를 관련 서적, 논문, 잡지 그리고 인터넷, 신
문, 방송 등의 관련 기사에서 수집한다. 이들 형용사들 중에서 출현빈도가 높고 평
가대상의 감성과 관련이 높다고 판단되는 형용사들을 추출하고 비슷한 의미의 단
어는 삭제한 후, 반대의 의미를 갖는 단어가 명확하게 존재하는 형용사들만 추출하
여 형용사쌍을 만든다. 이상과 같은 방법으로 선정된 감성어휘 쌍들을 척도의 양쪽
끝에 놓고 그 사이를 5~7단계의 동일한 간격을 갖도록 구성된 척도를 만든다. 감성
어휘 쌍의 개수와 척도의 단계는 평가목적과 평가대상의 특성을 고려하여 선정한다.
〈그림 4-3〉에는 의미미분척도의 예를 제시하였다. 감성어휘 A와 B는 동일한
"도시적인"이라는 감성어휘에 "소박한", "촌스러운"이라는 다른 감성어휘를 대립
어로 선택하고 있다. 이와 같이 동일한 감성어휘일지라도 그 반대어는 평가하고자
하는 대상의 특성이나 감성표현에 어느 것이 더 적합한가를 고려하여 선택해야 한
다. 감성어휘 C와 D의 경우 "현대적인"의 영어표현인 "모던한", "고전적인"의 영
어표현인 "클래식한"을 사용하고 있다. 이와 같이 동일한 감성어휘일지라도 한글

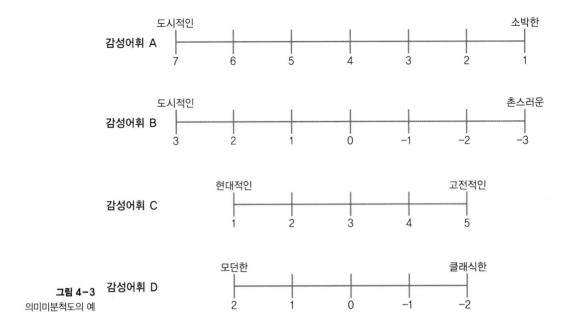

그림 4-3
의미미분척도의 예

이냐 영어표현이냐에 따라 미묘한 차이를 가지는 경우에도 평가대상의 특성이나 감성표현에 더 적절한 것을 선택해야 한다. 또한 감성어휘에 대한 평가대상의 정도를 측정하기 위하여 5점 또는 7점으로 분할하여 평가자가 이해하기 쉽도록 숫자를 제시하는 경우가 많다. 이때 감성어휘 A와 C처럼 1에서부터 증가하는 숫자를 사용하는 경우에도 긍정적으로 평가하는 감성어휘에 가장 큰 숫자를 부여한다. 그리고 감성어휘 B와 C같이 가운데 0점을 기준으로 양쪽에 양과 음의 값을 부여하는 경우에도 긍정적인 감성어휘에 양의 값을 부여한다. 이 경우에는 결과분석을 위한 데이터를 입력할 때 감성어휘 A와 C처럼 값을 변환하여 입력해야 한다.

④ SDS평가 실시
앞서 완성된 감성어휘와 척도를 이용하여 다양한 방법으로 제시하는 평가대상을 평가한다. 평가에 참여하는 평가자의 인원은 감성어휘와 평가대상의 수에 따라 평가목적과 통계적 방법을 고려하여 선정한다. 그런다음, n개의 평가대상에 대하여 각각 감성어휘 25개에 대한 감성을 평가하고 그 결과를 〈표 4-2〉와 같이 엑셀

피험자	스타일	명랑하다	무난하다	우아하다	상쾌하다	단정하다	…	여성스럽다	연약하다	지적이다	사랑스럽다	현란하다	멋스럽다
1	1	3	4	4	4	5	…	2	4	4	3	3	3
1	2	4	7	1	3	2	…	1	4	3	1	3	1
1	3	3	4	2	4	6	…	2	4	4	2	2	2
1	4	6	3	3	4	3	…	2	3	2	2	4	3
1	5	4	6	3	3	3	…	2	5	2	2	4	3
1	6	3	6	3	3	6	…	2	5	7	3	2	3
1	7	1	6	4	3	1	…	2	1	2	2	1	5
2	1	4	5	3	4	6	…	2	5	4	4	3	3
…	…	…	…	…	…	…	…	…	…	…	…	…	…
40	4	1	1	5	4	2	…	7	2	4	5	7	7
40	5	6	2	2	2	2	…	1	3	2	2	4	3
40	6	4	2	4	3	2	…	5	5	4	4	6	3
40	7	4	7	3	4	4	…	4	1	7	4	1	1

표 4-2
의미미분척도법을 이용한
감성평가결과 입력형식

에 입력한다.

⑤ 프로파일분석

SDS평가 결과를 수치화하여 평가대상에 대한 감성어휘의 평가대상 또는 평가자별로 평균 또는 표준편차를 산출하여 〈표 4-2〉와 같이 프로파일(profile)을 작성하여 분석한다. 각각의 감성어휘에 대한 n가지 평가대상의 감성평가의 평균과 분산을 시각적으로 간단히 확인할 수 있다. 4가지 스타일 중에서 스타일 1, 2, 3은 대체로 비슷하게 평가되었으나, 스타일 4는 "우아하다"는 매우 높게, "상쾌하다"부터 "연약하다"까지의 7가지 감성 형용사는 낮은 것으로 평가되어 차이를 나타내고 있다.

⑥ 요인분석

의미미분척도법에 사용된 많은 수의 감성 형용사 중에서 평가자의 감성을 대표하는 몇 개의 주요한 요인을 추출하기 위하여 공통적인 특성을 갖는 감성 형용사들을 그룹으로 분류하는 요인분석(factor analysis)이라는 통계적 분석방법을 사용한다. 요인분석은 의미미분척도법에 사용된 다수의 감성 형용사 중에서 독립적이고 중요한 요인을 추출할 수 있으며, 감성 형용사들 사이의 상관분석이 가능하여 소수의 대표요인을 선정할 수 있다. 요인분석에 대한 설명은 뒤에 나오는 '3. 주관적·경험적 감성평가의 통계분석'에서 자세히 살펴보자.

〈그림 4-5〉는 의미미분척도법을 이용하여 감성평가한 결과를 요인분석하여 주요 요인을 추출한 결과를 토대로 많은 수의 감성 형용사를 공통적인 특성을 갖는 것끼리 분류하여 소수의 요인으로 축소하였다.

⑦ 요인명명

〈그림 4-5〉를 보면 3가지 주요요인을 구성하는 감성 형용사들이 갖는 공통적인 특성을 잘 나타낼 수 있도록 이름을 부여하였다. 1요인을 "화려한", 2요인을 "친숙한", 3요인을 "스포티한"으로 이름을 부여할 수 있다. 이러한 요인명명은 요인분석을 통해 묶여진 감성 형용사 그룹을 가장 잘 표현할 수 있는 단어로 명명하여 주요 요인으로 선정하는 것이다.

이때 감성 형용사 그룹 간의 분류 관계가 명확하게 나타나지 않는 경우에는 요

의미미분척도법의 유래

외부의 많은 나라를 대상으로 각국의 "평화", "모친", "바다" 등 언어를 자극대상으로 하여 밝다–어둡다, 좋다–나쁘다 등 50쌍의 형용사를 학생들에게 7점 척도로 하여 평가하게 하였다. 그 결과, 요인분석에서 '평가성(evaluation)', '역량성(potency)', '활동성(activity)'이라는 3개의 독립된 요인을 추출하였다. 따라서 서로 다른 나라 사람들의 동일한 의미의 언어에 대한 심상(image)은 기본적으로 모두 같으며, 위의 3가지 독립적인 요인으로 성립된다는 사실을 발견하였다. 이것은 각 나라들 사이에 언어는 달라도 상호 의사와 기분은 통할 수 있다는 것을 의미한다.

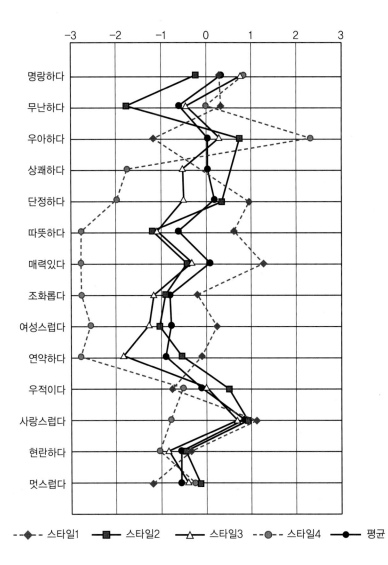

그림 4-4
의미미분척도법을 이용한
감성평가 결과의 프로파일
(profile)

인을 추출하는 축을 회전시켜 분류가 명확하게 이루어지도록 조절할 수 있다. 요
인분석을 통해 추출된 요인들을 축으로 감성어휘 또는 평가대상의 위치를 매핑
(mapping)시켜 그래프로 나타낼 수 있다. 브래지어 디자인의 의미미분척도법을
통한 감성평가 결과를 요인분석하여 제1요인으로 "화려함", 제2요인으로 "친숙
함"이라는 요인을 추출하여 2가지 요인을 축으로 평가대상인 브래지어 디자인의
상대적인 위치를 매핑시켜 그래프로 나타낼 수 있다. 이러한 그래프는 각 요인에

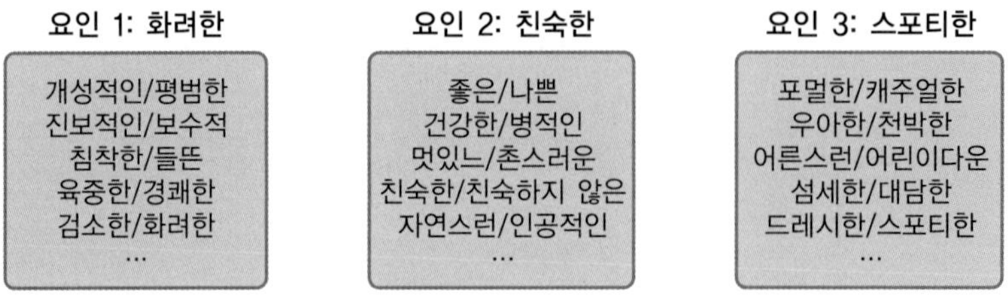

요인 1: 화려한	요인 2: 친숙한	요인 3: 스포티한
개성적인/평범한 진보적인/보수적 침착한/들뜬 육중한/경쾌한 검소한/화려한 …	좋은/나쁜 건강한/병적인 멋있느/촌스러운 친숙한/친숙하지 않은 자연스런/인공적인 …	포멀한/캐주얼한 우아한/천박한 어른스런/어린이다운 섬세한/대담한 드레시한/스포티한 …

그림 4-5
의미미분척도법

따른 평가대상의 분포위치를 시각적으로 쉽게 확인할 수 있다.

여기까지가 일반적인 의미미분척도법의 절차이다. 감성과학에 의미미분척도법의 활용을 제안한 나가마치(長村)는 감성평가대상의 물리적 속성들을 정량적으로 측정할 수 있다면 의미미분척도법에 사용한 감성 형용사나 주요 요인들과의 관계를 통계적 방법으로 분석하여 정량적으로 파악해 볼 수 있다고 생각하고, 이러한 과정을 의미미분척도법에 추가하여 감성평가에 활용하였다. 다중회귀분석(multiple regression analysis) 등을 이용하여 평가대상의 물리적 속성과 감성 형용사 또는 주요 요인과의 관계를 파악하여 평가대상의 감성 설계에 활용하거나 감성 예측에도 활용하였다.

5) 크기평가법

크기평가법(magnitude estimation)은 물리적 자극(physical stimulus)에 대한 심리적 감각(psychological sensation)을 정신물리적 측정법(psychophysical measurement)으로 평가하는 방법이다. 이 방법은 평가대상에 대하여 연속적인 주관적 인식을 통해 숫자로 대상을 평가하는 것으로, 외부 자극이나 평가대상의 특성의 정도나 강도를 인지하여 그 크기를 숫자나 선의 길이 등으로 나타내어 평가한다. 이 방법을 사용해서 얻어진 결과는 평가대상을 심리적 연속체 상에서 어느 위치에 속하는지를 수량으로 표현하는 연속적인 비율척도이다.

크기평가법은 매우 효과적이면서 가장 많이 사용되는 심리적 비율척도이며 많은 수의 자극을 평가할 수 있는 이상적인 것으로 알려져 있다. 기준이 되는 자극/

대상에 대한 심리적인 양을 먼저 일정한 숫자를 부여한 뒤, 이것과 비교하여 다음 자극/대상의 양을 숫자로 표현하여 평가하는 방법을 고정 크기평가법(fixed modulus magnitude estimation)이라고 한다. 이 방법은 평가자가 느끼는 감각의 차이를 직접 척도화한다. 예를 들어 기준 자극/평가대상을 10이라고 할 때, 비교하는 평가대상이 3배라고 느껴지면 30을, 절반이라고 느껴지면 5라고 점수를 부여하는 것이다. 이와는 달리 평가자의 비율척도 능력을 최대로 발휘하기 위하여, 어떤 자극/대상에 대한 심리적인 양의 최대값과 최소값의 범위와 기준을 정하지 않고 평가 자극/대상에 대하여 양을 자유롭게 숫자로 표현하여 평가하는 자유크기평가법(free modulus magnitude estimation)이 있다. 자유 크기평가법을 통해 얻어진 결과는 평가자마다 기준이 다르기 때문에 숫자의 크기와 범위가 다르며, 똑같은 자극에 대한 평가라고 하더라도 다양한 크기의 숫자로 평가되기 때문에 표준화 과정이 필요하다. 예를 들면 각 평가의 평가값을 최대값에 대한 비율로 변환하는 최대값 표준화 방법(maximum normalization method)을 이용하여 0~100 사이의 척도로 표준화할 때 다음과 같은 식을 따른다.

$$NV_{ij} = \frac{X_{ij}}{Max_i} \times 100$$

i: 피험자 번호($i=1 \sim n$), j: 평가자극/대상($j=1 \sim n$)
NV_{ij}: i번째 피험자의 j번째 평가자극/대상에 대한 표준화된 평가값
X_{ij}: i번째 피험자의 j번째 평가자극/대상에 대한 평가값
Max_i: i번째 피험자의 평가값 중 최대값

평가자들이 사용하는 숫자의 의미를 가능한 통일시키고, 개인간의 평가 기준의 차이를 없애기 위한 통계적인 방법의 추가가 필요하다. 또한 평가자들이 평가 자체를 어렵게 여기는 경향이 있으므로, 자극/대상에 대해 비율척도화할 수 있는 능력을 가진 평가자를 선정하거나 훈련을 시키는 것이 바람직하다. 그러나 평가자 스스로가 기준을 잡아 평가하기 때문에 다른 평가방법과 비교하여 신중하게 평가

하는 효과가 있는 것으로 알려져 있다.

6) 셀프어세스먼트마네킹 법

셀프어세스먼트마네킹 법(self-assessment-manikins method)은 Lang(1980)이 제안한 절대적인 평가기준을 활용한 대표적인 경험적 측정방법이다.

만족(pleasure), 각성(arousal), 지배(dominance)의 3가지 기준의 감성시스템을 마네킹을 활용한 척도로 감성을 측정하는 셀프어세스먼트마네킹 법은 언어적 의미에 영향을 받지 않고, 다양한 문화에 상관없이 측정가능 하다는 장점을 갖고 있어 많은 감성연구에 활용되고 있다. 셀프어세스먼트마네킹 법은 마네킹 그림을 이용하여 평가하고 있어 언어나 문화적인 제한 없이 사용할 수 있다. 셀프어세스먼트마네킹 법은 주로 9점 척도를 이용하여 나타낸다.

3 주관적·경험적 감성평가의 통계분석

1) 요인분석

요인분석(factor analysis)이란 많은 변수를 공통적인 특성을 갖는 것을 그룹으로 분류하여 몇 개의 주요한 요인을 추출하기 위한 통계적 분석방법이다.

(1) 요인의 개수 결정

추출하고자 하는 요인은 임의의 변수이므로 몇 개의 요인으로 하는 것이 적절한지 결정해야 한다. 요인의 개수는 고유값(eigen value)이 1보다 큰 성분의 수로 한다. 〈표 4-3〉은 승무원복에 대한 감성의 의미미분척도법 평가 결과를 이용하여 고유값을 나타낸 것이다. 초기 고유값이 1이상인 것은 성분 1, 2, 3뿐이므로 요인

표 4-3
고유값을 이용한
요인의 개수 결정

성분	초기고유값			제곱합 적재값		
	전체	% 분산	% 누적	전체	% 분산	% 누적
1	4.855	34.679	34.679	4.246	30.329	30.329
2	2.853	20.378	55.057	3.038	21.698	52.027
3	1.145	8.178	63.235	1.569	11.208	63.235
4	0.947	6.762	69.997			
5	0.712	5.088	75.085			
6	0.672	4.799	79.884			
7	0.577	4.118	84.003			
8	0.519	3.706	87.708			
9	0.433	3.092	90.800			
10	0.366	2.613	93.412			
11	0.274	1.956	95.368			
12	0.240	1.714	97.082			
13	0.225	1.611	98.693			
14	0.183	1.307	100.000			

을 3개로 추출할 수 있으며, % 분산이 승무원복에 대한 감성을 요인 1이 30.3%, 요인 2가 21.7%, 요인 3이 11.2% 설명하고 있으므로 전체 총 설명량은 63.2% 이다.

(2) 주성분분석을 통한 주요한 요인 추출

감성 형용사들이 너무 많고 서로 복잡한 상관관계를 가지므로 직접적 분석이 어렵다. 그러므로 감성 형용사들을 개념상 의미 있고 서로 독립적인 소수의 주성분 (주된 요인)을 해석하는 방식으로 요인을 추출한다. 요인추출과정을 통해 다차원적인 변수들을 축소하고 요약하여 차원을 단순화시킬 수 있다.

표 4-4
감성 형용사가 속하는
요인을 결정하는
요인적재값표

	성분		
	1	2	3
즐거운-지루한	0.840	0.165	−0.143
미래지향적인-과거지향적인	0.839	0.094	−0.012
산뜻한-칙칙한	0.801	0.244	0.019
현대적인-전통적인	0.773	0.062	−0.034
세련된-촌스러운	0.736	0.353	0.104
자유로운-절제된	0.731	−0.251	−0.122
프로페셔널한-아마추어틱한	0.231	0.801	0.181
신뢰할만한-신뢰도가 떨어지는	0.187	0.785	0.250
포멀한-캐주얼한	−0.171	0.749	−0.039
심플한-조잡한	0.190	0.749	0.107
친근한-낯설은	0.003	0.418	0.686
단아한-섹시한	0.101	0.136	0.586
독특한-무난한	0.440	−0.038	−0.551
시원한-따뜻한	0.403	0.418	−0.544

〈표 4-4〉은 승무원복에 대한 감성을 의미미분척도법을 통해 평가하여 주성분분석을 통해 추출한 요인적재값(factor loading)을 나타낸다. 각 감성 형용사(변수)에 대한 요인적재값은 각 요인에 대한 영향의 정도를 나타내는 것으로 "즐거운-지루한"은 3가지 요인 중에서 요인 1에 .840, 요인 2에 .165, 요인 3에 −.143의 영향을 미치고 있다. 다라서 "즐거운-지루한"은 3가지 요인 중에서 요인 1에 가장 크게 영향을 미치므로 요인 1에 해당한다. "프로페셔널한-아마추어틱한"은 요인 1에 .231, 요인 2에 .801, 요인 3에 .181의 영향을 미치고 있으므로 요인 2에 해당한다. 이러한 방식으로 각각의 감성 형용사가 가장 크게 영향을 미치는 요인에 해당하는지 결정한다.

(3) 직교회전과 요인명명

요인분석에서 요인들은 감성 형용사, 즉 변수들을 선형결합으로 표현하고 있으므로 요인을 회전시켜 요인과 감성 형용사의 관계를 좀 더 명확하게 해석할 수 있다. 요인부하량에서 상관관계가 명확하게 나타나지 않아 어떤 감성 형용사는 여러 요인과 상관관계가 높아 어느 요인에 속해야 하는지 구분할 수 없는 경우가 발생한다. 이러한 경우 변수들 즉 감성 형용사들이 한 요인에 큰 요인부하를 가지도록 요인축을 회전시킬 수 있다. 감성 형용사 A1, A2, A5는 회전 전에는 요인 1과 2에 비슷한 정도의 요인부하량을 가지고 있으나, 축을 회전시킨 후에는 A1, A5는 명확하게 요인 1에 해당하고, A5는 요인 2에서 높은 요인부하량을 가지게 된다. 일반적으로 가장 많이 사용하는 직교회전은 요인들이 서로 독립적이라고 가정하고 요인축들이 서로 직각을 유지하도록 하는 방식이다. 추가분석을 위해 요인득점(factor score)을 이용하고자 한다면 요인들간의 상관관계 때문에 발생하는 다중 공선성을 방지하기 위해서 반드시 직교회전시켜야 한다.

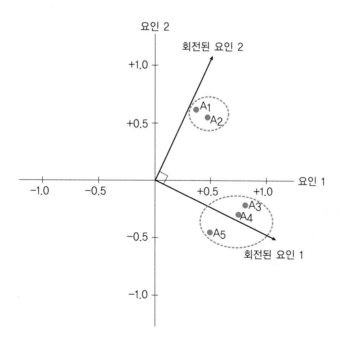

그림 4-6
직교회전을 이용한
요인축 회전

(4) 요인축의 이름을 정하고 상관관계 구조 분석하기

회전요인 부하행렬의 원소들은 감성어휘와 요인의 상관관계를 나타낸 것으로 요인의 이름이 결정되어 있지 않다. 따라서 회전요인 부하행렬 중 절대치가 0.4이상인 감성어휘만을 선택한다. 이때 선택한 감성어휘의 수치가 (+)이면 오른쪽 형용사, (−)이면 왼쪽 형용사를 선택한다. 열에서 요인부하의 절대값이 최대인 감성어휘가 각 요인축의 증가방향의 이름이 된다. 요인축 회전을 통해 추출한 요인적재량을 바탕으로 다시 각 감성 형용사가 어느 요인에 해당하는지 분류하여 각 요인의 특성을 가장 잘 설명하도록 요인에 이름을 부여한다.

(5) 요인득점 산출

조사한 평가대상이 어떤 요인을 얼마나 포함하는가를 요인득점을 이용하여 그림으로 플롯(plot)한 감성지도를 이용하여 파악할 수 있다.

2) 다차원척도법

다차원척도법(Multidimensional Scaling method, MDS법)은 감성평가대상들 간의 유사성이나 대상을 설명하고자 하는 속성들에 대한 정보를 하나의 지각도(perceptual map)에 나타내는 것이다. 즉, 대상간의 유사성의 척도가 주어졌을 때 대상을 다차원 공간의 점으로 표시하여 유사성이 클수록 점간 거리가 가까워지도록 점의 배열을 구하는 방법이다. 지각도는 공간의 축을 자극 또는 반응을 특성화하는 지각된 속성을 나타내는 것으로 가정하여, 다수의 속성을 지닌 평가대상의 지각이나 인지구조를 해석한다.

감성평가대상의 두 대상간의 유사성 또는 속성에 대한 값들의 척도로 서열 또는 등간척도를 이용한다. 유사성 측정도구(similarity measures)로 사용할 경우에는 전체 평가대상들로부터 2개씩 추출하여 서열척도와 간격척도로 직접 유사성 정도를 질문한다. 유사성 평가문항을 만들 수 있으며, 일반적으로 간격척도를 더 많이 사용한다.

최근 기능성 의류에서 해부학적 의미의 기능적인 재단선을 이용한 디자인이 많이 등장하고 있다. 이들 해부학적 커팅라인이 갖는 디자인 유사성을 다차원척도법을 이용하여 평가할 때, 8가지 기능성 의류의 도식화를 이용하여 "8가지의 하이-퍼포먼스 웨어(Hi-performance wear) 디자인의 유사성을 평가하시오."라는 문항을 간격척도를 이용하고, 그 결과를 토대로 지각도를 구한다.

5장
생리적
감성평가

학습목표

1. 생리적 감성평가의 대표적인 뇌파(EEG), 기능성 자기공명영상(fMRI), 그리고 양전자단층촬영술(PET)에 대한 개념과 측정방법에 대해 학습한다.
2. 심전도, 피부전기활동, 혈류량과 같은 자율신경계 반응의 측정을 통한 생리적 감성평가방법에 대해 학습한다.

우리 마음 속에서 어떤 감정이나 감성의 변화가 일어날 때에는 우리 몸 속에서도 일정한 패턴의 반응이 일어난다. 거짓말을 하면 코가 길어지는 동화 속의 피노키오 이야기는 전혀 근거 없는 이야기는 아니라는 것이 최근 첨단 과학기술을 사용하여 밝혀졌다. 거짓말을 하면 카테콜아민(catecholamine)이라는 화학물질이 분비되어 코 속의 조직을 팽창하게 만들고 혈압이 상승하여, 상승한 혈압이 코를 팽창시키기 때문에 코 끝의 신경 조직이 가려워져 사람들은 그 간지러움을 해소하기 위해 손으로 코를 만지는 몸짓을 하게 된다는 피노키오 효과(Pinocchio effect)를 증명하였다. 이와 같이 우리의 몸은 어떤 형태와 패턴으로든지 우리 마음 속의 변화를 표현하고 있다. 따라서 감성의 형성에 영향을 미치거나 영향을 받는 우리 몸의 반응을 분석하여 감성을 정량적·객관적으로 평가하려는 시도가 활발하게 이루어지고 있다.

이러한 인간의 마음 속의 변화에 의해 나타나는 인체 반응을 측정하기 위해서는 정밀한 의료장비를 비롯하여 최첨단의 과학기기와 장비가 필요하다. 최근에는 첨단 과학기술 및 뇌 과학의 발전을 배경으로 인간의 감성에 따른 뇌와 신경계의 반응과 감지기인 센서를 통한 반응을 측정하여 감성을 객관적으로 평가하려는 생리적 감성평가방법이 급속하게 발전하고 있다.

뇌파 1

1990년대를 시작으로 뇌 활동의 측정이 점차 인기 있는 감성의 측정방법이 되었다. 뇌 활동을 측정하기 위해 흔히 사용되는 기술로 두피에 전극을 부착하여 각 전극 아래의 전기 활동의 순간 변화를 측정하는 뇌파(뇌전도, Electroencephalography, EEG)가 있다.

EEG는 빠르고 비싸지 않으며 각 전극에 가장 가까운 뇌 영역의 세포 활동에 관한 1/1000초 단위의 정보를 제공한다. 그러나 뇌파는 두피에 부착된 전극에 가장 가까운 뇌세포로부터 나오는 활동만을 기록할 뿐 보다 깊은 영역에서의 활동은 기록하지 못하는데, 뇌의 어떤 심층 영역은 정서에 있어서 특히 중요하다. 또 다른 제약점은 각 전극이 상당히 넓은 영역에서의 활동을 총합하기 때문에 뇌파가 뇌 활동의 시간에 관해서는 정확한 정보를 제공하지만 위치에 관해서는 그렇지 못하다는 것이다. 뇌파는 시간에 관해서 정확한 정보를 제공할 수 있다는 점이 장점이다. 어떤 감정이나 감성을 느꼈음을 보고할 때는 일반적으로 어느 정도의 시간에 걸쳐서 어떻게 느꼈는가를 요약해서 자기보고 한다. 이와는 대조적으로 연구자는 자극을 제시하고 몇 분의 1초 동안의 뇌파를 기록할 수 있다. 그러나 그러한 파동이 실제로 정서 변화를 반영하는지는 어려운 질문이다.

뇌파측정은 독일의 신경생리학자 한스 베르거(Hans Berger)에 의해 처음 시도되었다. 뇌파는 뇌 세포들의 생화학적 상호 작용에 의해 발생하는 이온의 흐름으로 생성되는 뇌의 미세한 전기적 활동을 뇌파계(Electroencephalograph)를 이용하여 유도하여 증폭시켜 나타낸 그래프이다. 뇌파는 끊임없이 변하는 뇌의 기능 상태를 잘 나타내며, 뇌의 해부학적 구조 및 생리학적 기능변수를 측정하는 데 주로 사용된다.

1) 뇌파의 측정

머리에 전극 몇 쌍을 설치하여 짝을 이룬 두 전극 사이의 전위차가 신호가 되어

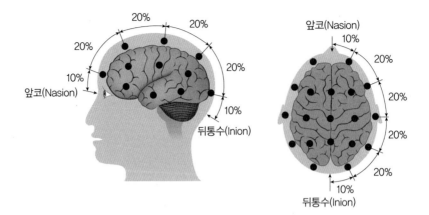

그림 5-1
뇌파 측정을 위한
전극 배치법(국제뇌파학회
10-20 전극법)

뇌파계로 보내지면 전위차의 규칙적인 흐름이 선 그래프로 나타난다. 뇌파활동이 있는 두피 부분에 부착하는 전극을 활성전극, 뇌파활동이 없는 귓불 부분에 붙이는 전극을 비활성전극 또는 기준전극이라고 한다. 뇌파 측정을 위한 전극배치는 〈그림 5-1〉에 나타난 국제뇌파학회방식에 의한 10-20전극법(ten-twenty electrode system)을 표준으로 하여, 여러 가지 조건과 측정목적을 고려하여 전극을 부착한다. 전극을 두피 표면, 피질 표면 그리고 내실에 삽입하느냐에 따라, 두피 표면에 부착한 전극으로부터 유도하는 두피뇌파(Electroencephalography, EEG), 대뇌피질의 표면에서 유도하는 피질뇌파(Electro Corticography, ECoG) 그리고 뇌실 내에 전극을 삽입해서 유도하는 심부뇌파(Depth Electro encephalography)로 나눌 수 있다. 일반적으로 뇌파를 나타내는 뇌파는 두피표면에 전극을 부착하는 두피뇌파를 의미한다.

2) 뇌파의 구조

측정된 뇌파는 파형을 갖는 선 그래프로 나타내며, 뇌파의 구조는 주파수, 주기, 진폭, 위상으로 설명할 수 있다.

(1) 주파수(frequency)

1000msec/주기, 즉 일정한 주기(1초간)에서 나타나는 파의 횟수로 나타낼 수 있으며, Hertz(Hz)의 단위로 표시한다. 뇌파는 μV급 전위와 0.5Hz ~ 몇 백Hz의 주파수로 표현할 수 있다.

(2) 주기(period)

파의 계곡과 계곡 또는 산과 산을 연결하였을 때의 간격을 의미하며, 주기를 연결하는 지속시간(duration)을 msec의 단위로 표시한다.

(3) 진폭(amplitude)

파의 계곡과 계곡을 연결하는 선에 대하여 산의 정점으로부터 기저선(baseline)에 수직선을 내려긋고 그것과 만나는 점까지의 거리를 microvolt(μV)의 단위로 표시한다.

(4) 위상(phase)

뇌파간의 위치와 시간적 관계를 나타내는 것으로 기저선에서 위로 흔들리는 파형을 음성파(negative wave), 아래로 흔들리는 파형을 양성파(positive wave)라고 한다.

3) 뇌파의 파형

뇌파의 초당 주파수에 따라 뇌파의 파형을 알파파(α파), 베타파(β파), 세타파(θ파), 델타파(δ파) 그리고 감마파(γ파)로 분류할 수 있다. 이들 파형에 대한 주파수 대역과 의식 수준은 다음과 같다.

(1) 알파파(alpha wave)

알파파는 심신이 안정을 취할 때의 뇌파로, 8～13Hz 사이의 규칙적인 파동이며 연속적으로 나타난다. 알파파가 안정하게 나타나는 것은 눈을 감고 진정한 상태로 있을 때이며, 눈을 뜨고 물체를 주시하거나 정신적으로 흥분하여 알파파는 억제된다. 알파파가 나타나는 상태는 정신을 집중해 연구에 몰두하거나 참선, 묵상 기도를 할 때, 눈을 감고 골똘히 생각에 잠겼을 때이므로 이완 상태이기도 하다. 감성평가에서는 쾌적성 평가의 지표로 활용되기도 한다.

알파파의 형태

(2) 베타파(beta wave)

베타파는 불안, 긴장 등의 스트레스 상태일 때 또는 활동할 때 나타나는 뇌파로, 13～30Hz 사이의 파동이며, 깨어있을 때나 정신적인 활동을 할 때 주로 나타난다. 베타파가 나타나는 상태는 사람들이 이야기하고 듣고 보고 냄새를 맡는, 즉 오감으로 사물을 알아차리는 수준이다.

베타파의 형태

(3) 세타파(theta wave)

세타파는 졸음파 또는 서파수면(slow wave sleep)파로, 4～8Hz 사이의 파동이다. 얕은 수면상태에서 나타나므로 사람이 잠에 들어가기 전이나 졸음 상태일 때 나타난다.

세타파의 형태

(4) 델타파

델타파는 수면파로, 0.5~4Hz 사이의 파동이다. 세타파와는 달리 깊은 수면상태
에서 나타난다.

델타파의 형태

(5) 감마파(gamma wave)

감마파는 극도의 각성과 흥분 상태일 때의 뇌파로, 30Hz 이상의 파동이다. 전두
엽과 두정엽에서 많이 발생한다.

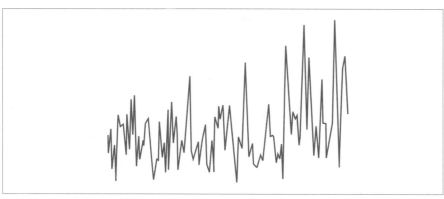

감마파의 형태

4) 뇌파의 분석

(1) 시간영역 분석

시간영역 분석(time-domain analysis)은 진폭측정을 기본으로 하고, 시간에 따라서 신호의 진폭에 대한 평균값을 구하는 상관분석(correlational analysis)이다.

(2) 주파수영역 분석

주파수영역 분석(frequency domain analysis)은 시간영역에서의 자료들을 고속퓨리에변환(Fast Fourier Transform, FFT)을 통해 주파수 영역의 값으로 변환하여 분석하는 대표적인 방법으로, 파워스펙트럼 분석(power spectrum analysis)을 들 수 있다. 파워스펙트럼 분석은 최고 주파수, 평균 주파수, 최고 주파수의 진폭, 진폭의 변화율 등의 변인을 설정하여 분석한다. 각 주파수에 대한 상대적 기여도를 분리함으로써 뇌파신호의 파워 스펙트럼을 결정하고 이런 절차를 통하여 스펙트럼을 분석하여 파워(또는 전력) 스펙트럼 밀도(Power Spectral Density, PSD) 값을 구한다. 분석 결과는 다른 주파수에 대해서 "파워(power)"나 "세기(intensity)"로 나타낸다.

(3) 진폭 분석

진폭 분석(amplitude analysis)은 평균 진폭 값을 구하는 것으로, 가장 간단한 방법이다. 기록 간격(scoring interval)을 결정하고 그 간격 내에서 모든 최고점 대 최고점 진폭(peak-to-peak amplitude)을 측정하여 평균 진폭 값을 구한다.

(4) 상관분석

상관분석(correlation analysis)은 동일한 부위에서 발생하는 두 뇌파신호의 유사성 정도를 계산하는 것으로, 뇌파의 리듬성이나 좌우반구 대칭 부위에서 유도된 뇌파의 주기, 진폭의 차이를 파악한다. 상호상관분석(cross-correlation analysis), 자기상관분석(auto-correlation analysis) 등이 여기에 속한다.

이외에도 일관성 분석(coherence analysis), 뇌파 활동의 위상학적 매핑(Topographical Mapping of EEG Activity) 등의 분석방법이 있다.

기능성 자기공명영상과 양전자단층촬영술 2

영상의학은 인체의 해부학적 정보를 제공하는 수준에서 인체의 기능 변화까지 관찰할 수 있는 단계로 발전하고 있다. 혈액 공급의 수준을 간접적으로 측정하여 뇌 기능의 활성화 정도를 측정하는 기능성 자기공명영상(fMRI), 양성자 방출을 이용한 단층촬영기술(PET) 등이 생체 기능의 변화를 영상학적으로 측정할 수 있는 방법이다. 현대 과학기술의 결정체인 영상의학은 뇌 과학 연구의 중요한 연구 방법으로, 인간의 감성과 뇌의 관계를 평가할 수 있는 가능성을 보여주고 있다.

1) 기능성 자기공명영상

자기공명영상(Magnetic Resonance Imaging, MRI)은 자력에 의해 발생하는 자기장을 이용하여 인체 내부의 단층영상을 얻는 첨단 의학 장비이다. 자기공명영상 장비는 커다란 전자석과 같고, 그 안에 사람이 들어가게 되면 자기장이 걸리게 되어 사람 몸 속의 수소분자들이 자기장에 의해 반듯하게 줄을 서고 다시 원 상태로 돌아가려는 성질 차이에 의해 인체 내부의 영상을 얻을 수 있다. 즉, 자기공명영상은 물과 지방의 분포비율이 다른 인체의 뼈, 근육, 장기 등의 수소분자의 분포를 측정하여 인체의 구조적인 영상을 만드는 장치이다.

산소흡수의 변화를 기초해서 뇌 활동을 측정하는 방법인 기능성 자기공명영상(functional Magnetic Resonance Imaging, fMRI)은 기능(function)을 찍는 영상이라고 해서 function의 f가 붙여진 것이다. 활동이 왕성한 뇌조직 주변을 지나는 모세 혈관에 일시적으로 산소가 과잉 공급되는 순간을 포착하여 두뇌의 어느 부분이 활성화되고 있는지에 대한 정보를 '지도화'하는 장치이다.

fMRI는 1초마다 변화하는 뇌 활성을 촬영할 수 있어 단순한 자극에 따라 반응하는 뇌활성을 파악하는 것은 물론 복잡한 고도의 인지기능이나 판단, 계산과 같은 기능도 판별하고 있다. 이것은 EEG와 같이 1,000분의 1초 수준은 아니지만 다양한 용도로 활용되고 있다. fMRI는 EEG보다 훨씬 더 큰 정확성을 가지는데, 뇌의 심층 영역을 1~2mm 정확성을 가지고 변화의 위치를 결정할 수 있다. 그러나 fMRI는 머리를 압박하여 둘러싸고 있는 아주 시끄러운 장치 속에서 움직이지 않고 누워 있어야 하기 때문에 검증할 수 있는 감성의 종류를 제한하는 단점이 있다. 또한 시끄러운 기계 속에서 움직이지 않고 누워서 작은 창을 통해 모니터의 그림을 보는 동안 일어나는 감성을 측정하기 때문에 연구의 생태학적 타당성이 낮다. fMRI는 주로 뉴로 마케팅에서 활용할 수 있다. 예를 들어, 제품을 구입할 때 전두엽이 주로 활성화된다면 소비자의 감성에 어필하지 못한다고 판단한다. 이때의 fMRI 영상은 건전하지만 지루한 잡지를 구매할 때의 뇌 반응과 같은 것으로, 선정적인 잡지를 선택할 때와는 달리 감성적인 반응이 부족함을 나타내기 때문이다.

2) 양전자단층촬영술

양전자단층촬영술(Positron Emission Tomography, PET)은 방사성 의약품을 혈관에 주사한 후 전신에 흡수되어 방출되는 양전자를 이용하여 전신의 영상을 촬영하는 방법이다. 최근에는 PET의 영상정보를 컴퓨터단층촬영(Computed Tomography, CT)에서 제공되는 해부학적인 영상 위에 중합시켜 인체 내부의 정확한 영상을 촬영하는 양전자방출-컴퓨터단층촬영검사(Positron Emission Tomography - Computed Tomography, PET-CT)의 도입으로 보다 정확한 인체 내부의 영상을 추출할 수 있게 되었다.

양전자단층촬영술(PET)은 기능성 자기공명영상(fMRI)과 함께 뇌의 활동을 비롯하여 인체 내부의 정확한 영상을 측정할 수 있어, 의료적인 활용은 물론 생리적인 감성평가 도구로의 활용이 주목된다.

〈그림 5-2〉의 왼쪽 그림과 같이 심장벽을 이루고 있는 심근세포가 수축할 때 발생하는 활동전위는 심장에서 온몸으로 퍼져 전류를 일으킨다. 이 전류는 몸의 위치에 따라서 전위차를 발생시키는데, 피부표면에 전극을 부착하여 검출한 이 전위를 시간함수로 나타낸 파형을 심전도(Electrocardiogram, ECG)라고 한다.

1) 심전도 파형

심전도의 파형은 〈그림 5-2〉의 오른쪽에 나타낸 것과 같이 각각 특징적인 파를 나타내는 P, Q, R, S, T로 이루어진 일정한 형태의 전형적인 파형을 지니고 있다. 심전도 파형을 자세히 살펴보면, 한 주기당 크게 3개의 피크가 관찰되며 이는 각각 P(Atrial Depolarization), R(Ventricular Depolarization), T(Ventricular Repolarization) 피크이다. 이러한 심전도 파형은 개개인마다 약간씩 다르기 때문에 심전도 분석을 통해 개인 고유의 식별 신호로 사용 가능한데, 이때 파형의 피크

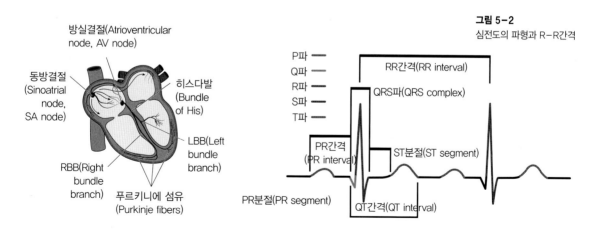

그림 5-2
심전도의 파형과 R-R간격

들 중 P, R, T 피크의 크기나 모양 등을 분석한다. 또한 심전도의 전형적인 파형을 기준으로 각종 심장질환을 진단 할 수 있으며, 감성의 형성과 관계 깊은 자율신경과 연결되어 있어 심전도를 측정하여 자율신경의 기능을 평가하여 감성평가에 널리 활용되고 있다. 자율신경의 기능은 심전도 파형의 연속된 R피크들 사이의 시간간격(R-R interval)을 통하여 측정할 수 있는 심박변동률(Heart Rate Variability, HRV 또는 R-R interval variability), 즉 R-R 간격을 통해 측정하는 것이 유용하다.

2) 심박변동률

심박변동률(Heart Rate Variability, HRV)은 미세한 변화패턴을 가지며 이것은 자율신경계의 교감신경계와 부교감신경계에 의해 주기가 유동적으로 변하기 때문에 교감신경과 부교감신경의 활성도를 독립적으로 측정할 수 있다. 따라서 심박변동률은 자율신경계 반응에 있어서 중추신경계의 역할, 나아가 심리적 과정과 생리적 기능과의 관계를 연구하는 지표로 활용되고 있다. 교감과 부교감신경에 자극이 가해졌을 때, 교감신경의 반응시간은 부교감신경에 비해 5초 정도 지연되어 느리게 나타난다. 따라서 교감신경의 활성화는 R-R간격의 느린 변화패턴을 유도하고 부교감신경은 상대적으로 빠른 변화패턴을 유도한다. 바로 이것이 R-R간격 변화패턴으로부터 느리게 진동하는 성분(LF)과 빠르게 진동하는 성분(HF)이다. 부교감신경계가 활성화되면 심장근육의 반응이 빨라짐으로써 HF가 증가하고 교감신경계가 활성화되면 심장반응이 느려짐으로써 LF가 증가한다.

평상시 활동 중에는 교감이 부교감신경보다 6:4비율로 약간 더 활성화되어 있는 것이 바람직하며 어느 한쪽이 지나치게 활성화 되었을 경우에는 다른 한쪽이 이를 저지하여 균형을 이루려고 하는 상호조정 작용을 한다. 이러한 상호조정 기능이 정상적으로 잘 이뤄지고 있는지를 파악하기 위해 부교감신경(HF)에 대한 교감신경(LF) 활성도의 비율을 살펴보아야 한다. 심박변동률(HRV)의 전력 스펙트럼 상에서 세가지 주기성분은 다음과 같이 나눌 수 있다.

(1) HF: High Frequency component −0.15〜0.4Hz에서 보여지는 고주파 성분

부교감신경계의 활동과 호흡활동에 대한 정보를 나타낸다. 심박변동률의 total power와 R-R 간격의 변이는 운동의 강도가 증가함에 따라 감소하는데, 이는 점차적으로 부교감신경계 활성도가 감소하는 것을 의미한다.

(2) LF: Low Frequency component −0.04〜0.15Hz에서 보여지는 저주파 성분

교감신경계의 활동과 혈압조절 메커니즘의 활동을 반영한다. 스트레스가 가해진 경우나 긴장 상태가 된 경우 증가한다. LF는 교감신경과 부교감신경계의 활성도 모두를 반영한다.

(3) LF/HF ratio

부교감신경계와 교감신경계의 상대적 균형 상태를 나타낸다. 자율신경 발란스 지수라고도 한다. 스트레스가 가해진 경우 자율신경 발란스 지수가 증가한다.

3) 심전도의 분석

심전도의 분석 종류는 뇌파의 분석과 마찬가지로 시간영역 분석, 주파수영역 분석 등이 있으며, 분석 방법 역시 뇌파와 동일하다. 이외에도 심전도를 분석할 수 있는 방법으로 신호파형분석(signal morphology analysis), 통계분석(statistical analysis) 등이 있다.

4 피부전기활동

다양한 생각과 정서들은 다양한 전기적, 생리적 신호를 유발한다. 이러한 심리적 과정들은 신경계에 영향을 미쳐 그 영향을 우리 몸의 가장 큰 기관인 피부에서도 측정할 수 있다. 피부전기활동(Electro Dermal Activity, EDA)은 피부의 전위수준, 전기저항, 전도율을 측정하는 것이다. 피부전기활동의 변화는 자율신경계의 활성에 관련 있는 인체의 전기현상으로 자율신경계의 활성 척도로 사용하는 경우가 많다. 피부전기활동(EDA)은 피부저항반응(Galvanic Skin Response, GSR), 피부전도반응(Skin Conductance Response, SCR), 피부전도수준(Skin Conductance Level, SCL) 등의 피부에서 측정되는 파라미터를 총칭한다.

피부저항반응(GSR)은 손바닥의 발한에 의한 전기저항의 변화를 측정하는 값(단위: Ohm, Ω)으로 이를 이용하여 각성 이완상태의 변화를 관찰할 수 있다. 피부전도반응(SCR)은 순간적인 피부전도의 변화를 측정한 값(단위: Micro Siemens, μS)으로 숫자가 클수록 전도성이 높은 것을 의미하며 각성상태가 낮아지면 피부전도수준이 현저하게 낮아진다. 피부전도수준(SCL)은 피부전도반응과는 달리 비교적 긴 시간동안의 피부전도 변화를 측정하는 값(단위: Micro Siemens, μS)으로 특히 수면 중 체온 조절을 파악하는데 중요한 생리신호이다. 다시 말해서, 스트레스가 가해졌을 때 피부전도반응(SCR)과 피부전도수준(SCL)은 증가하고 피부저항반응(GSR)은 감소한다.

5 혈류량

혈류량(blood flow rate)의 변화는 동맥에서 신체기관에 보내지는 혈액량과 다시 정맥으로 돌아오는 혈액량에 의해 결정된다. 혈압을 조절하는 혈관의 수축 및 확장과 관련된 요인인 교감신경계 활동과 압수용기가 혈류량 조절에 중요한 기능을 하므로, 혈류량은 심리상태에 따라 교감신경과 부교감신경이 반응한다. 혈량도

(Plethysmography)는 주로 손가락이나 이마 부위에서 혈류의 변화를 기록하는 것으로 혈량의 증가는 말초혈관의 확장(vasodilation)을, 반대로 혈량의 감소는 말초혈관의 수축(vasoconstriction)을 의미한다. 이는 각각 교감신경계의 억제와 활성화에 기인한다.

혈량 측정 기법 중 손가락혈류량(Finger plethysmography)은 심리상태가 변함에 따라 부교감신경은 심혈관계를 자극하여 혈류량의 변화를 유발하는데 이때 손가락의 혈류량의 변화를 측정하는 값(단위: Change in flow, %)을 나타내며, 이를 검출해 감성 파라미터로 활용한다. 광혈량도(Photopleth'y'smography, PPG)는 비침습적인 방법으로 가장 일반적으로 사용되는 혈량 측정 방식이다. 엄지손가락의 한쪽에 발광 다이오드(Light Emitted Diode, LED)를 부착하여 적외선을 방사하도록 하면 뒷면의 센서가 이를 감지하는 전기 광학적 측정 방식으로, 이를 손가락 혈류량(Finger pulse volume)이라고도 한다. 감지된 빛의 양은 말초 혈관에 흐르는 혈류량에 좌우된다. 혈류는 빛을 흡수하기 때문에, 혈류량이 많을수록 상대적으로 반사되는 빛이 적어져 센서에 감지되는 광량은 감소하게 되며, 이와 같이 광량의 변화를 감지하여 혈류의 변화를 기록한 신호를 광혈량도(PPG)라고 한다. 이 신호로부터 peak to peak(최고점 - 최저점) 평균을 계산(단위: Volt, V)하여, 안정시와 자극시의 차이를 비교할 수 있다. 즉, 스트레스가 가해졌을 때 광혈량도(PPG)는 감소한다.

생리신호분석 프로그램 6

의류학을 기반으로 감성의류과학에 대해 연구를 진행하면서 연구자들은 많은 어려움에 직면하게 된다. 특히 생리적 감성평가방법을 활용하기 위해서는 생체반응 측정 장비에 대한 이해와 측정된 결과를 분석하기 위한 이론적인 지식과 분석 방법에 대한 지식이 필요하다. 이러한 지식과 방법은 짧은 순간에 습득할 수 없는 것이므로 감성의류과학에 관심 있는 많은 연구자들이 생리적인 감성평가방법을

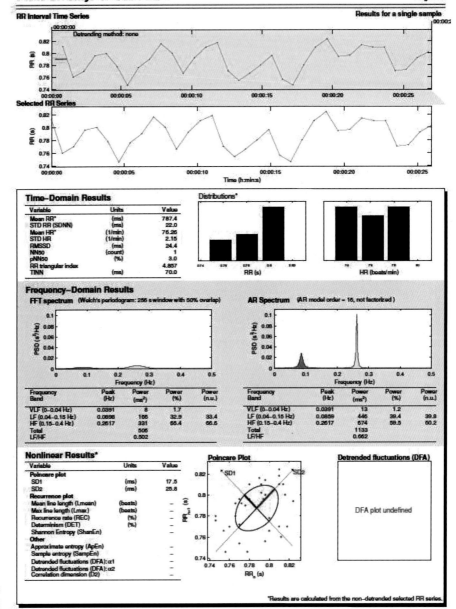

그림 5-3
심전도의 파형과 R-R간격

널리 활용하지 못하는 장벽이 되고 있다. 이러한 공통적인 고민에 조금이나마 도움이 되고자 공개되어 있는 몇 가지 생리신호분석 프로그램을 소개하고자 한다.

생리신호분석 프로그램에는 핀란드의 Kuopio 대학에서 개발한 Kubios HRV와 독일 Augsburg 대학에서 개발한 Augsburg Biosignal Toolbox(AuBT)가 있다. 이 2가지 프로그램은 웹상에서 간단하게 다운받아 무료로 사용할 수 있다. Kubios HRV(http://bsamig.uku.fi/)는 심전도에서 추출한 심박변동률(HRV)로부터 자율신경계의 활성지표가 되는 LF, HF를 비롯하여 많은 지표를 자동으로 분석해준다. txt형식으로 저장된 HRV데이터만 있으면 〈그림 5-3〉과 같이 다양한 지표들을 간편하게 추출하여 시각적으로 제시할 수 있다. Augsburg Biosignal Toolbox(AuBT)(http://mm-werkstatt.informatik.uni-augsburg.de/aubt)는 Mathlab을 기반으로 하여 심전도 이외에도 피부전도, 근전도(Electromyogram), 호흡(Respiration) 등의 생체신호를 분석하여 지표(feature)를 추출해준다. 추출된 생체신호의 지표를 활용하여 머신러닝(Machine learning)기법으로 평가자의 기쁨(joy), 분노(anger), 슬픔(sadness), 즐거움(pleasure) 등의 감정상태까지 분류할 수 있다.

6장

행위적 감성평가와 물리적 감성평가

학습목표

1. 행위적 감성평가방법 중에서 얼굴움직임해
   독법과 관찰법에 대해 학습한다.
2. 변동리듬, 카오스, 프랙탈의 개념을 학습하
   고 감성평가에 대한 관련성을 학습한다.

행위적 감성평가방법은 얼굴의 표정이나 몸짓과 같이 겉으로 드러나는 신체적 반응을 측정하는 방법이다. 평가대상에 대한 행위적 반응 중에서 얼굴표정은 감정을 가장 잘 표현하면서 외부로 쉽게 드러나기 때문에 관찰이 용이하여 얼굴표정과 감성의 관계에 관한 연구가 활발하게 이루어져 왔다. 또한 평가자의 행동을 관찰하는 방법은 언어로 표현되지 않거나 무의식적인 내면을 이해할 수 있다.

물리적 감성평가방법은 감성평가대상인 의류제품이 가지고 있는 특성을 변동리듬, 카오스, 프랙탈 등의 이론을 활용하여 평가하는 방법이다. 이들 평가방법은 주관적·경험적, 생리적 감성평가법으로 측정한 결과의 분석에도 활용하여 제품의 설계에 도움이 될 수 있는 결과를 추출할 수 있다.

에크만을 비롯하여 많은 얼굴표정 연구자들이 행복(happiness), 놀람(surprise), 슬픔(sadness), 공포(fear), 분도(anger), 역겨움(disgust)/경멸(contempt)과 같은 6개의 기본 감정은 얼굴표정을 통해 구분할 수 있다고 보고하고 있다. 나아가 흥미(interest), 수치(shame), 고통(pain), 대경실색(startle), 종교적인 흥분(religious excitement), 당황함(puzzled), 의문표시(questioning) 등도 얼굴을 통해서 판단할 수 있는 표정으로 알려져 있다. 감정이나 감성을 반영하는 얼굴표정을 과학적으로 연구하려면 표정을 측정할 수 있는 방법이 먼저 개발되어야 한다.

얼굴표정으로 표현되는 감정을 측정하는 방법은 크게 2가지로 나눌 수 있으며, 그 대표적인 것이 근육의 긴장을 측정하는 방법(muscle tonus measurement)과 시각적으로 판단 가능한 얼굴의 움직임을 보고 감정을 측정하는 방식을 들 수 있다. 무의식적인 얼굴 근육조직의 긴장 정도를 측정하는 방법은 대개 얼굴 근육의 수축에 따라 발생하는 전류의 변화를 묘사하는 근전도(EMG)를 사용하며, 이 방법은 시각적으로 구별하기 어려운 미세한 표정의 변화도 감지해 낼 수 있다. 얼굴 근육을 움직이는 부위에 따라 각기 다른 사람의 감정 상태를 감지하며, 광대뼈근육의 움직임은 긍정적인 감정상태와 양의 상관관계를 갖는 것으로 알려져 있다. 그러나 이 방법은 얼굴에 센서를 부착하고 통제된 실험 상황에서 자연 스러운 표정 변화를 유발해야 한다는 어려움이 있다. 해부학적 근거를 바탕으로 얼굴을 3개의 영역으로 분할하여 표준이 되는 얼굴사진과 대조하여 감정을 평가하는 얼굴표정 정서채점기법(Facial Affect Scoring Technique, FAST)이 있는데 에크만 등(1971)이 개발한 것이다. 얼굴근육을 이용한 방법 중 가장 널리 사용되고 있는 것은 에크만 등(1978)의 얼굴표정 코딩 도표법(Facial Affect Coding Scheme, FACS)라는 것으로, 얼굴표정의 미세한 움직임을 움직임 단위(Action Unit, AU)로 표현하였다. 얼굴표정 코딩 도표는 44가지의 얼굴 근육의 움직임과 그 조합을 바탕으로, 두려움, 화남, 기쁨, 역겨움, 슬픔과 놀람 등의 6가지의 기본 감정을 분류하고 있다.

2 행동관찰법

행동관찰법은 사람의 행동이나 사건들 중에서 목적에 필요한 것을 관찰하고 기록하여 분석하는 방법으로, 감성평가대상의 자연스러운 몸짓과 행동을 관찰하여 감성을 평가하는 것이다. 행동관찰법은 평가자가 당연하다고 여기거나 지금까지 한번도 생각해 보지 못했던 것을 지각하는 순간을 잡아내려고 하는 것이다. 행동관찰법의 장점은 실제 상황에서의 행동을 통해 무의식적인 동기나 태도를 유추하기가 쉽고, 평가대상 자신의 감성을 명확히 모르고 있는 경우에도 사용할 수 있다는 점이다. 단점은 많은 양의 데이터에서 의미 있는 분석을 이끌어내는데 시간과 비용이 많이 소모되고, 관찰이 불가능한 상황이나 행동이 있을 수 있으며, 평가대상의 몸짓이나 행동이 변하기 쉬우며 정확하게 기록하고 분석하는 것이 어렵다는 점이다.

〈표 6-1〉은 감성 마케팅에 사용할 수 있는 행동관찰법을 세분화하여 나타낸 것이다. 이 방법에는 거리 관찰 및 행인 인터뷰 방법을 비롯해 7가지의 행동관찰방

표 6-1
감성 마케팅에서의
행동관찰법

구분	방법	목적
Town Watching	거리 관찰 및 행인 인터뷰	특정 집단의 트랜드, 동선, 방문지점 이해
Video Ethnography	고정 비디오카메라 촬영	제품 활용 행태나 구매행태의 관찰로 니즈 발견
POP	매장 관찰 및 판매원 인터뷰	매장환경 및 고객 구매형태 관찰을 통한 니즈 발견
Shadow Tracking	이동 상황의 소비자 관찰 및 인터뷰	이동 상황과 관련 제품 활용 행태 이해 및 니즈 발견
Home Visiting	가정 내에서 소비자 관찰 및 인터뷰	가정 내 상황과 관련 제품 활용 행태 이해 및 니즈 발견
Photo Diary	응답자가 일상의 장면을 직접 촬영 및 기록	사용자의 라이프스타일 및 심리적 태도 이해
Audiometer	TV, 라디오의 시청행태의 기록	미디어 시청, 청취 프로그램, 시청시간 파악

법이 있다. 이 방법을 사용하기 위해서는 감성을 평가하고자 하는 대상이나 목적에 적합한 방법을 선택하여 행동을 관찰할 필요가 있다.

행동관찰법은 앞서 설명한 것과 같은 단점과 어려움이 있음에도 불구하고 최근 평가자 내면의 감성평가와 감성/체험 마케팅에 대한 관심이 높아지면서 신상품 기획, 제품 사용성 평가 등의 연구에 많이 활용되고 있는 추세이다.

이외에도 음성의 특성을 분석하는 음성분석법이 있는데, 음성이 그 사람의 감성상태와 연관이 있음을 토대로 매우 유용한 감성측정방법으로 알려져 있다.

물리적 감성평가 3

1) 변동리듬

변동리듬이란 기준점으로부터 임의로 변화하는 것을 의미하는 것으로 쾌적성과 관련 있는 중요한 요인으로 주목 받고 있다. 변동리듬을 활용한 쾌적성에 대한 연구는 최근 인간과 환경을 하나의 시스템으로 보고 인간의 쾌적감성에 대한 기초연구가 진행되고 있는 추세에 따라, 감성평가의 한 방법으로 활용되고 있다. 변동리듬은 보스와 클라크(Voss & Clarke)가 음악에서의 1/f변동리듬(1/f fluctuation)을 발견하면서 쾌적성과 연결 짓게 되는 하나의 계기를 만들었다. 변동리듬은 파워 스펙트럼(power spectrum)을 이용하여 주파수 성분을 조사하여 분석하는 것이 가장 일반적이다. 파워스펙트럼의 최소자승법을 통하여 산출한 회귀식을 $y = kx + c$라고 하면, 회기식의 기울기 k가 변동리듬 값이다.

(1) 1/f 변동리듬

1/f 변동리듬은 k값이 -1에 가까워, 주파수에 반비례하는 것과 같은 변동리듬을 총칭하는 것으로 주파수가 높을수록 파워가 작아져 낮은 주파수(장주기) 성분은

진폭이 크고, 높은 주파수(단주기)성분일수록 진폭이 작아진다. 1/f변동리듬은 자기상사성을 갖고 있으므로 변동리듬의 일부를 확대하여도 원래의 도형과 거의 같게 보인다.

특정 자극이나 신호가 1/f변동리듬의 특성을 가지면 인간에게 쾌적감, 안정감을 주는 것으로 알려져 있으며, 특히 인체의 심박, 뇌파의 알파파(α파)의 주파수나 진폭 등이 1/f변동리듬을 나타내는 것으로 알려져 있다.

(2) 1/f 변동리듬과 쾌적성

1/f 변동리듬은 시냇물 소리나 파도소리 등 자연 중의 기분 좋은 소리에도 있으며, 많은 자연형상에서 나타나며 인체에서도 볼 수 있으므로 쾌적성을 창출하는 궁극적인 리듬으로 생각하는 경향이 있다. 그러나 변동리듬은 패턴이 무수히 존재하는 것이며 실제로 변동리듬을 이용할 경우에는 주파수 대역이 제한되기 때문에 그 중에는 불쾌감을 유발하는 것이 있을 수도 있다. 1/f 변동리듬이 쾌적 감성과 관련성이 있는 것으로 여겨지고는 있지만 아직 충분한 실험적 검토가 되어 있지 않아 이에 대한 연구가 더 이루어져야 할 것이다.

2) 카오스

카오스(chaos)는 '만물 생성 이전의 원초적 상태' 즉, 혼돈을 뜻하는 그리스 언어로 외관상으로는 무질서하고 불규칙적으로 보이지만 그 안에 내적인 어떤 규칙과 질서를 갖는 현상을 의미한다. 다르게 표현하면, 결정론적인 비선형 동역학계에 나타나는 불규칙적이고 복잡한 현상 속에 내재되어 있는 규칙성을 찾아 가는 이론이다. 카오스 현상에서의 질서나 규칙은 비선형 성분 때문에 시계열상에서 살펴보면 매우 불규칙적으로 보여 분석하기 어려우므로, 시계열상이 아닌 다른 공간에서 정성적으로 분석할 수 있다. 따라서 카오스는 선형적인 관계에 의한 접근 방식이 아니라 사고의 전환을 통해 새로운 시각으로 무질서하며 예측이 불가능한

현상들을 설명하는 방법으로, 상태보다는 과정의 과학, 존재보다는 변환의 과학
이다. 카오스 현상의 대표적인 특징들은 나비효과(butterfly effect), 분기
(bifurcation), 이상한 끌개(strange attractor), 자기조직화(self-organization), 자기
유사성(self-similarity), 비선형성(non-linearity), 플랙탈(fractal) 등이 있다.

무질서하고 불규칙적으로 보이는 인간의 감성도 비선형 성분을 지니고 있으므
로 카오스 이론을 이용하여 감성평가 결과를 분석하고자 하는 시도가 활발하게
이루어지고 있다. 그러나 의류감성과 관련해서는 아직 적용한 사례가 거의 없다.

3) 플랙탈

플랙탈(fractal)은 부서지다라는 뜻의 라틴어에서 유래한 것으로, 유클리드 기하학
으로는 표현할 수 없는 복잡한 기하 도형의 한 종류이다. 플랙탈 모양은 무한히
세분되어 무한한 길이를 가지고, 비정수 차원으로 나타나며, 규모가 작아지는 방
향으로 스스로 닮아가는 자기유사성이 있다. 그리고 간단한 반복으로 계속하여
손쉽게 만들어질 수 있는 특징이 있으며, 순수하게 추상적인 도형의 경우에는 무
한히 계속 반복하여 각 부분의 부분을 확대하면 전체 물체와 근본적으로 같아지
는 특성이 있다.

플랙탈 도형이 생성되는 과정은 한 선분을 3등분해서 가운데의 선분을 위로 구
부려 올려 만들면, 길이가 원래 선분의 1/3인 선분 4개로 이루어진다. 이 과정을

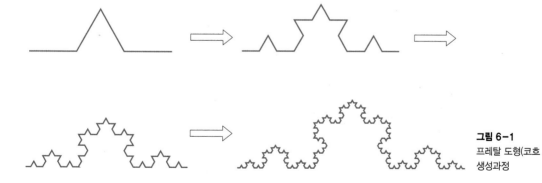

그림 6-1
프레탈 도형(코흐 곡선)의
생성과정

무한히 반복하면 코흐(Koch) 곡선이라는 플랙탈 도형이 생성된다. 플랙탈은 복잡하고 무질서한 대상을 비정수의 개념에 의거하여 묘사할 수 있는 수학적 언어로, 불규칙적이고 임의의 특성을 갖는 자연 및 사회현상을 비정수 차원으로 나타냄으로써 이들에 대한 정량적인 해석을 가능하게 해주고 있다. 또한 플랙탈은 자연의 모양을 간단한 식으로 표시할 수 있어서 데이터 압축의 측면에서도 유용하다. 따라서 복잡하고 무질서해 보이는 인간의 감성평가 결과의 해석에도 활용되고 있다.

통계는 기술통계와 추리통계로 나눌 수 있다. 기술통계(descriptive statistics)는 현상이나 사실에 대한 자료를 수집하여 일목요연하게 정리하여 기술하는 것을 목적으로 한다. 또한 자료를 용약하여 전체의 특징을 이해하기 쉬운 형태의 표나 그래프로 표현한다. 대표적인 기술통계에는 평균(mean), 분산(variance), 표준편차(standard deviation), 산포도(dispersion), 빈도분포(frequency table)를 들 수 있다. 추리통계(inferential statistics)는 현상이나 사실 전체(모집단)에서 일부분(표본집단)을 대상으로 추출한 자료를 분석하여 그 결과로부터 전체의 특성이나 불확실한 사실을 확률적으로 추측하는 것을 목적으로 한다. 대표적인 추리통계에는 평균이나 비율의 추정(estimation), 가설과 검정(hypothesis testing), 분산분석(analysis of variance), 상관분석(correlation analysis), 회귀분석(regression analysis) 등이 있다. 추정과 검정은 추리통계의 주요 방법으로 추정은 표본집단의 특성으로부터 전체 모집단의 특성을 글자 그대로 추정하는 방법이며, 검정은 현상이나 효과가 어떤 원인에 의해 필연적으로 나타나는 것인지 우연히 나타나는 것인지를 조사하는 방법이다.

감성평가에는 기술통계와 추리통계를 바탕으로 복잡한 상호작용에 의해 생성되는 현상으로부터 주된 요인을 찾아내는 기법, 아름다움의 정도나 행복지수와 같이 숫자로 표현하기 어려운 개념을 수량화하는 기법과 같이 넓은 의미의 통계적 방법이 사용된다. 따라서 감성평가에 사용되는 통계분석은 어느 정도의 오차가 있다는 전제하에, 다양한 종류의 오차가 포함된 데이터로부터 본질적인 요인을 추출한다.

학습목표

1. 통계에 대한 기본적인 개념을 학습한다.
2. 감성평가 결과의 분석에 활용되는 통계분석 방법을 학습한다.

1 가설검정과 유의확률

1) 가설과 유의수준

가설이란 현상이나 효과를 설명하기 위하여 학설을 논리적으로 구성하는 명제를 의미한다. 가설은 목적으로 하는 설명이 모순이 없을 때 확실성을 가진다. 가설은 모집단을 대상으로 하는 전수조사에 의해 옳고 그름을 검정할 수 있으나, 현실에서는 전수조사가 거의 불가능하므로 표본조사를 통해 모집단에 대한 가설을 판정한다. 이와 같이 표본으로부터 얻은 정보를 이용하여 모집단에 대한 가설이 맞는지 틀리는지를 판단하는 것을 통계적 가설검정이라 한다.

가설검정은 모집단의 특성을 나타내는 수치에 대하여 가설을 세운 뒤, 표본집단에서 얻은 수치와 어느 정도 일치하는지 혹은 그렇지 않은지를 통계적으로 결정하는 절차이다. 가설을 세울 때 기각(rejection)할 목적으로 세우는 귀무가설(null hypothesis, H_0), 채택(acceptance)할 목적으로 세우는 대립가설(alternative hypothesis, H_1)이 있다.

가설을 검정할 때 귀무가설이나 대립가설 중 하나가 맞다고 결정해야 하는데, 실제 상태와 검정 결과 사이에 일어날 수 있는 오류에 대하여 생각해 보자. 가설검정은 귀무가설(H0)을 기준으로 삼아, 실제로 귀무가설(H_0)이 옳은 참이거나 틀린 거짓인 2가지 경우가 있을 수 있고, 검정결과도 귀무가설(H_0)을 기각하지 못하거나(채택), 기각하는 2가지의 경우를 〈표 7-1〉에 나타냈다. 귀무가설(H_0)이 참인 경우에 이를 기각하지 않거나(채택), 귀무가설(H_0)이 거짓인 경우에 이를 기각하는 것은 올바른 결정이다. 그러나 〈표 7-1〉에 나타낸 것과 같이 잘못된

표 7-1
가설검정의 오류

검정결과＼실제현상	H_0 참	H_0 거짓
H_0 기각하지 못함(채택)	옳은 결정	잘못(제2종 오류)
H_0 기각	잘못(제1종 오류)	옳은 결정

결정을 내릴 수 있는 경우도 2가지가 있다.

귀무가설(H_0)이 참인데 잘못하여 귀무가설을 기각하고 대립가설(H1)을 채택하는 잘못(제1종 오류, α)과 대립가설(H_1)이 참인데도 잘못하여 대립가설을 기각하고 귀무가설(H0)을 채택하는 잘못(제2종 오류, β)이 있다. 가설을 검정하는 방법을 정할 때에는 제1종 오류와 제2종 오류를 최소화하도록 선택해야 한다. 일반적으로 제1종 오류 α의 상한을 먼저 정해놓고, 제2종 오류 β의 값을 적게 하는 방법을 사용한다. 이때 제1종 오류 α의 상한 즉 제1종 오류가 일어날 확률의 최대값을 유의수준(significance level)이라고 한다. 즉 귀무가설이 참일 때 대립가설을 채택하는 오류를 범할 최대 허용 확률이라고 할 수 있다. 제1종 오류의 상한을 나타내는 유의수준은 α로 표시하며 일반적으로 0.05, 즉 5%를 사용한다.

귀무가설(H_0)이 기각되어야 대립가설(H1)이 참이라는 확실한 근거가 있다는 것을 의미하기 때문에 귀무가설을 기각시키지 않으면 아무런 확신을 할 수 없다. 따라서 유의확률(significance probability) 또는 p-값(p-value)은 평가값에서 귀무가설(H_0)을 기각시키는 최소의 유의수준을 의미하며, 유의수준은 가설이 옳은데도 기각하는 잘못을 범할 확률을 말한다.

가설검정의 절차에서 유의수준 값과 유의확률 값을 비교하여 통계적 유의성을 검정하게 된다. SPSS와 같은 통계 패키지에서는 유의확률 값을 계산해주므로 유의확률을 이용하여 가설을 검정한다. 유의확률이 유의수준보다 작으면 "통계적으로 유의한 결과"라고 하고 귀무가설을 기각한다. 귀무가설을 기각한다는 것은 귀무가설이 맞다면 이러한 결과가 나오기란 매우 드물다는 것으로 대립가설의 내용이 맞다는 의미이다. 그리고 유의확률이 유의수준보다 크면 "통계적으로 유의하지 않은 결과"라고 하고 귀무가설을 채택한다. 귀무가설을 채택한다는 것은 "귀무가설이 틀렸다고 할 만한 충분한 근거가 이 표본에는 없다"는 뜻이다.

2) 가설검정의 절차

SPSS와 같은 통계 패키지를 이용한 가설검정의 절차는 다음과 같다.

① 가설을 설정한다. 귀무가설은 "성별에 따른 차이가 없다"와 같이 "차이가 없다", "같다", "="는 형식으로 설정한다. 대립가설은 "성별에 따라 다르다"와 같이 "다르다", "크다", "작다", "≠"는 형식으로 설정한다.

② 데이터의 특성에 맞는 검정방법을 선택한다.

③ 정규성, 독립성, 등분산성과 같이 각 분석에 필요한 가정들을 검토한다.

④ SPSS 출력물에서 "유의확률"을 찾아 본인이 정한 유의수준과 비교해 본다. 특별한 경우가 아니면 유의수준은 0.05를 많이 사용한다. 유의확률은 귀무가설을 기각할 수 있는 최소의 유의수준이므로 유의확률이 유의수준보다 작으면 귀무가설을 기각한다. 즉 통계적으로 유의하다.

⑤ 가설에 맞게 결론을 내린다. 가설의 기각여부는 귀무가설을 기준으로 생각하지만, 결론은 대립가설을 기준으로 기술한다. 귀무가설 H_0가 "감성평가 결과의 성별에 따른 평균이 서로 같다"이고, 대립가설 H_1이 "감성평가 결과의 성별에 따른 평균은 차이가 있다."일 때, $p=0.03$이라면 귀무가설 H_0를 기각하고, 결론은 "감성평가 결과의 성별에 따른 평균은 통계적으로 유의한 차이가 있다"라고 할 수 있다.

2 T-test

T-test는 두 집단 간의 평균 차이가 있는지를 검정하는 통계분석 방법이다. T-test는 두 모집단의 독립 여부에 따라 독립표본 T-test와 대응표본 T-test로 나눌 수 있다. 귀무가설 H_0는 "두 집단 간의 평균은 차이가 없다.", 대립가설 $H1$은 "두 집단 간의 평균은 차이가 있다."가 된다.

1) 독립표본 T-test

독립표본 T-test(independent sample)는 서로 독립인 두 집단에서 측정한 데이터

	성별	N	평균	표준편차
감성언어	남자	56	2.7500	.99544
	여자	104	2.3269	.96986

표 7-2
집단통계량

의 평균을 비교하는 방법으로, 재킷 A에 대한 감성언어의 평가에 남녀 차이가 있는지를 SPSS 통계 패키지에서 검정하는 순서는 다음과 같다.

① 독립표본 T-test를 선택하고 감성언어의 평가값을 나타내는 변수를 검정변수 창에 입력한다. 그리고 성별을 나타내는 변수를 집단변수로 지정하고 남자=1, 여자=2로 성별이 입력되어 있으므로 집단변수의 집단을 1과 2로 정의하여 실행한다.

② 검정 결과에서 먼저 두 집단의 평균을 확인한다. 〈표 7-2〉에서 감성언어에 대한 평가값의 남녀별 차이를 검정하기 위한 기초통계량으로, 평가에 참여한 남자와 여자의 수, 감성평가의 평균, 표준편차, 표준오차 등을 알 수 있다. 남자는 평균 2.75, 표준편차는 0.99544이고 여자는 평균이 2.3269, 표준편차가 0.96986이다.

③ 두 집단의 분산의 동질성(homogeneity of variance)에 대한 검정결과에 따라 적절한 검정통계량과 유의확률을 바탕으로 결론을 내린다〈표 7-3〉. 독립표본

	Levene의 등분산 검정		평균의 동일성에 대한 T-test						
	F	유의확률	t	자유도	유의확률	평균차	차이의 표준오차	차이의 95% 신뢰구간	
								하한	상한
등분산이 가정됨	.560	.455	2.608	158	.010	.42308	.16224	.10264	.74352
등분산이 가정되지 않음			2.587	110.218	.011	.42308	.16352	.09902	.74713

표 7-3
독립표본 검정

검정에서 Levene의 등분산 검정에서 유의확률이 .445로 .05보다 크기 때문에 집단의 분산이 동일하다는 가설을 채택한다. 따라서 등분산이 가정된 t값 2.608의 유의확률이 .010으로 .05보다 작으므로 5% 유의수준에서 두 집단의 평균이 같다는 귀무가설이 기각된다. 따라서 감성 언어에 대한 평가 값은 남녀별 차이가 있다고 결론지을 수 있다.

2) 대응표본 T-test

대응표본 T-test(paired comparison)는 짝을 이루는 2가지 변수의 평균 차이를 검정하는 것을 목적으로 하며, 짝을 이루는 두 변수는 서로 종속적이어야 한다. 재킷 A의 착용 전후에 감성언어 평가에 차이가 있는지를 SPSS 통계 패키지에서 검정하는 순서는 다음과 같다.

① 대응표본 T-test를 선택하고 서로 짝을 이루는 변수를 대응변수로 지정한 후 실행한다.
② 검정 결과에서 먼저 두 집단의 평균을 확인한다. 〈표 7-4〉에서 재킷 착용 전과 후의 감성언어에 대한 평가의 차이를 검정하기 위한 기초통계량으로, 착용 전의 평균은 7.28, 표준편차는 1.958이고 착용 후의 평균이 6.92, 표준편차가 1.75이다.

표 7-4
집단통계량

	성별	N	평균	표준편차
감성언어	착용 전	20	7.28	1.95868
	착용 후	20	6.92	1.75367

③ 〈표 7-5〉는 대응표본의 상관관계를 나타낸 것으로 상관계수가 0.988이므로 착용 전의 평가 값이 높으면 착용 후의 평가 값도 높다는 것을 의미한다.

표 7-5
대응표본 상관관계

		N	상관	유의확률
Pair 1	착용 전 & 착용 후	20	.988	.000

④ 대응표본 검정결과를 〈표 7-6〉에 나타낸 것이다. t값 0.458의 유의확률이 .000 으로 .0.05보다 작으므로 5% 유의수준에서 두 집단의 재킷 착용 전과 후에는 감성언어 평가값에 차이가 있다고 결론지을 수 있다.

표 7-6
대응표본 검정

		차 이					t	자유도	유의확률
		평균	표준편차	차이의 표준오차	차이의 95% 신뢰구간				
					하한	상한			
Pair 1	착용 전-착용 후	0.360	0.3515	.07861	0.19548	0.52452	0.4580	19	.000

분산분석 3

T-test는 두 집단 간의 평균차이를 검정하고자 하는 것으로 세 집단 이상의 평균 차이를 검정하고자 할 때 사용하는 통계분석법이 분산분석(analysis of variance, ANOVA)이다. 분산분석에서 귀무가설 H_0는 "각 집단의 평균은 차이가 없다"이고, 대립가설 H_1은 "각 집단의 평균은 차이가 있다"가 된다.

분산분석은 종속변수가 1개인 경우 요인, 즉 독립변수의 수에 따라 독립변수의 수가 1개인 경우에는 일원분산분석, 독립변수가 2개인 경우에는 이원분산분석, 독립변수가 3개 이상인 경우에는 다원분산분석이라고 한다. 그리고 종속변수가 2개 이상인 경우에는 다변량 분산분석이라고 한다.

1) 일원분산분석

일원분산분석(oneway analysis of variance)은 독립변수의 수가 1개이다. 어느 브랜드의 5가지 재킷(A, B, C, D, E)에 대하여 감성평가를 실시한 결과를 이용하여, 4가지 재킷에 대한 감성평가 결과의 차이가 있는지를 SPSS 통계 패키지를 이용하여 다음과 같은 순서로 일원분산분석을 실시한다.

① 평균을 비교하고자 하는 감성평가 결과를 종속변수로, 집단을 구분하는 재킷을 독립변수인 요인으로 입력한다.

② 검정 결과에서 먼저 각 집단 즉 재킷의 종류에 따른 감성평가 결과의 기술통계량을 확인한다. 〈표 7-7〉에서 재킷 A는 평균 3.3750, 표준편차가 1.19158이고, 재킷 B는 평균 2.5750, 표준편차가 1.10680이다.

표 7-7 기술통계	N	평균	표준 오차 편차	표준 오차 오류	평균에 대한 95% 신뢰구간		최소값	최대값
					하한값	상한값		
재킷 A	40	3.3750	1.19158	.18841	2.9939	3.7561	1.00	5.00
재킷 B	40	2.5750	1.10680	.17500	2.2210	2.9290	1.00	5.00
재킷 C	40	3.0000	1.30089	.20569	2.5840	3.4160	1.00	5.00
재킷 D	40	3.4000	1.29694	.20506	2.9852	3.8148	1.00	5.00
재킷 E	40	3.0750	1.28876	.20377	2.6628	3.4872	1.00	5.00
합계	200	3.0850	1.26323	.08932	2.9089	3.2611	1.00	5.00

③ 5가지 재킷의 감성평가 값의 분산 동질성을 평가한 결과를 〈표 7-8〉에 나타낸다. Levene 통계량이 0.690이고 유의확률이 .600으로 .05보다 크기 때문에 집단의 분산이 동일하다는 가설을 채택한다.

표 7-8 분산의 동질성 검정 Levene 통계량	df1	df2	유의확률
.690	4	195	.600

④ 분산분석표를 이용하여 적절한 검정통계량과 유의확률을 바탕으로 결론을 내린다. 〈표 7-9〉에 의하면, 집단 간의 F값이 2.935이며, 유의확률은 .022로 유의수준 5%에서 귀무가설을 기각할 수 있다. 따라서 5가지의 재킷에 대한 감성평

가 결과는 차이가 있다고 결론지을 수 있다.

	제곱합	df	평균 제곱	F값	유의확률
집단-간	18.030	4	4.507	2.935	.022
집단-내	299.525	195	1.536		
합계	317.555	199			

표 7-9
분산분석

2) 이원분산분석

이원분산분석(twoway analysis of variance)은 이원분산분석은 독립변수의 수가 2개이며, 독립변수와 종속변수 간의 상호작용 효과(interaction effect)를 검정할 수 있다. 이원분산분석에서는 두 집단 이상의 독립변수들에 대한 상호작용이 존재하는지를 먼저 검정하고, 상호작용이 없을 때만 각각의 요인의 효과를 분리하여 분석할 수 있다.

3) 다중비교

분산분석을 한 후 귀무가설이 기각되어 독립변수의 그룹 가에 차이가 있다고 판정되면 그 그룹들 사이에 어떠한 차이가 있는지를 분석하는 것을 사후분석(post hoc test)이라고 하며, 그 대표적인 것이 다중비교이다. 다중비교 방법에서 가장 많이 사용되는 Tukey방법, Duncan방법, Scheffè방법에 대해 알아보자.

Tukey와 Duncan은 집단의 수가 같을 때 사용하는 방법이다. 예를 들어, 연령을 20대, 30대, 40대 이상으로 나누어 평가했을 때, 각 집단의 평가자가 30명으로 전체 90명인 경우에 사용한다. Tukey방법은 자연과학, 과학 등에서 실험 결과, Duncan방법은 사회과학, 심리학, 교육학 등의 분야에서 설문조사 결과에 대해 주로 사용한다. Scheffè방법은 집단의 수가 다를 때 쓰도록 고안된 방법이다. 그러나 현재는 집단 수의 동일성에 영향을 받지 않도록 보완되어 있다. 이들 3가지 방법

드레스		N	유의수준＝0.05에 대한 부집단	
			1	2
Duncan[a]	재킷 B	40	2.5750	
	재킷 B	40	3.0000	3.0000
	재킷 B	40	3.0750	3.0750
	재킷 B	40		3.3750
	재킷 B	40		3.4000
	유의확률		.089	.193

에 의한 결과는 대체로 비슷하지만 민감도에 따라 검정력에 차이를 나타낸다. Scheffé의 방법이 가장 민감하기 때문에 확실한 차이가 나지 않으면 차이를 인정하지 않아 검정력이 낮고, Duncan방법은 가장 민감하지 않아 검정력이 높다. Tukey방법은 Duncan과 Scheffé의 중간 정도의 민감도를 가진다.

일원분산분석(oneway analysis of variance)의 결과에서 재킷의 스타일에 따라 감성평가 결과는 차이가 있다고 결론내렸다. 그럼 이들 5가지 재킷의 감성평가 결과가 어떻게 차이가 있는지를 Duncan방법으로 다중비교한 결과를 〈표 7-10〉에 나타냈다. 집단 1에는 재킷 B, C, E가, 집단 2에는 재킷 C, E, A, D가 묶여 있음을 볼 수 있다. 재킷 B의 평가결과가 가장 낮고, 재킷 D의 평가 결과가 가장 높음을 알 수 있다.

4 상관분석

상관분석(correlation analysis)은 두 변수 사이의 관계가 어느 정도인지를 파악하기 위한 방법이다. 두 변수 사이의 대략적인 관계는 산점도(scatter plot)를 통해서 알아볼 수 있으나, 그 관계의 유무와 정도를 하나의 수치로 나타낸 것이 상관계수이다.

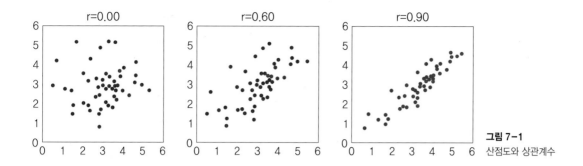

그림 7-1
산점도와 상관계수

〈그림 7-1〉을 보면 상관계수가 0인 산점도에서는 x축과 y축 사이에 선형의 어떠한 관련성을 찾아보기 힘들다. 그러나 상관계수의 값이 0.60에서 0.90으로 높아질수록 점들의 분포가 직선을 형성하여 x값이 증가할수록 y값도 증가하는 경향이 강해지고 있다. 따라서 상관계수(r)는 두 변수 사이에 완전한 지선관계가 있는 경우 그 직선의 기울기가 +1, −1이 되며, 직선관계가 나타나지 않을수록 상관계수의 값은 0에 가깝다. 즉 두 변수 사이에 관계가 깊을수록 절대값 1에 가까워진다. 이때 상관계수가 양(+)일 때는 두 변수 사이의 관계가 정비례, 음(−)일 때는 두 변수 사이의 관계가 반비례의 관계이다. 상관계수 r의 절대값의 크기는 두 변수 사이의 관계의 유무와 정도를 나타내고 +/−부호는 그 관계의 방향성을 나타낸다.

〈그림 7-1〉에서 상관계수가 0인 경우 두 변수 간에는 아무런 상관관계가 없다고 할 수 있다. 한편 〈그림 7-2〉에 나타낸 경우도 상관계수 r=0.0006으로 두 변수 사이에 선형의 상관관계가 없는 경우이다. 이 경우는 선형의 관계가 없다 뿐이지

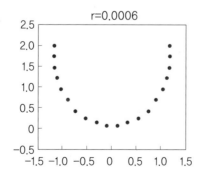

그림 7-2
비선형의 상관관계

사실은 두 변수 간에 비선형(non-linear)의 관계가 있는 경우이다. 이와 같이 비선형의 상관관계가 있는 경우에도 상관계수가 0에 가깝게 나올 수 있으며, 비선형 상관관계인데도 상관계수가 상당히 크게 나올 수 있다. SPSS와 같은 통계 패키지에서는 특수한 경우 비선형의 상관관계를 알아볼 수 있다. 그러나 일반적으로 상관관계란 선형의 상관관계를 뜻한다.

① 가설설정: 모집단에서 두 변수 간의 상관관계가 없다는 것은 상관계수가 0이라는 뜻이므로, 검정하고자 하는 가설은 다음과 같다.
  • 귀무가설 H_0: 디자인 요인과 감성 형용사 사이에는 관계가 없다.
  • 대립가설 H_1: 디자인 요인과 감성 형용사 사이에는 관계가 있다.
② 상관분석 실시: 상관관계를 알아보고자 하는 변수들을 선택한 후, 상관계수를 산출하는 방법을 모수적인 상관계수인 피어슨(Pearson)과 비모수적 상관계수인 스피어만(Spearman) 상관계수 중에서 선택한다. 그리고 옵션에서 기술통계량을 활성화시키고 실행한다.
③ 검정결과에 따라 적절한 검정통계량과 유의확률을 바탕으로 결론을 내린다.

5 회귀분석

회귀분석(regression analysis)은 다수의 변수로 구성된 자료에서 특정한 한 변수를 설명하거나 예측할 수 있는 일차방정식을 나머지 다른 변수를 이용하여 알아내는 방법이다. 회귀분석에서 설명되거나 예측이 되는 특정 변수를 종속변수, 나머지 설명하는 변수를 독립변수라고 한다. 설명하는 독립변수가 하나인 경우에는 단순회귀분석(simple regression analysis), 2개 이상인 경우에는 다중회귀분석(multiple regression analysis)이라고 한다.

회귀분석에서 독립변수를 x, 종속변수를 Y라고 할 때, 모집단에서 두 변수 간의 관계를 나타내는 가상의 직선 $Y = \alpha + \beta x$를 회귀방정식이라고 하고 표본에서 찾아낸 회귀직선 Y′＝a＋bx를 추정회귀방정식이라고 한다. 추정회귀방정식에서 b는 회귀계수(regression coefficient)라고 하며, 각 독립변수의 계수를 의미하는 것으로 독립변수의 값이 한 단위 증가할 때마다 종속변수의 값은 평균적으로 계수만큼 변화한다고 해석할 수 있다. 회귀계수의 검정결과에서 유의하지 않은 결과가 나오면 변수 x는 변수를 설명하는데 별 도움이 되지 않거나 선형관계가 없으므로 비선형모형을 검토할 수 있다.

회귀분석에서는 회귀방정식, 즉 회귀모형에 대한 검정과 회귀계수의 검정이 각각 이루어지므로 가설을 각각 세워야 한다. 회귀모형의 검정은 모집단의 기울기 β가 0인지 아닌지를 알아보는 것이다. 따라서 단순회귀분석에서는 "모집단의 기울기 β는 0이다"가 귀무가설이 되고, 독립변수가 하나뿐이므로 회귀모형에 대한 가설과 회귀계수에 대한 가설이 같다. 다중회귀분석에서는 기울기 β가 k개이므로 회귀모형 검정의 귀무가설은 "모집단의 기울기 β는 모두 0이다"가 된다. 이는 모형에 포함된 다수의 독립변수가 다 유의하다는 의미는 아니므로, 각각의 독립변수의 회귀계수에 대한 검정이 필요하다. 따라서 단순회귀분석은 모형의 유의성 검정만으로 결론을 얻을 수 있고, 다중회귀분석에서는 모형의 유의성 검정은 분산분석표를 이용해서 판단하고 회귀계수의 유의성은 각 계수 별 유의확률로 유의성을 판단한다.

따라서 회귀분석은 두 변수간의 관계의 강조와 방향을 나타내는 회귀계수를 추정하는 검정으로, 회귀방정식에서 독립변수가 종속변수의 변동 중 얼마나 많은 부분을 설명하는지를 파악할 수 있다. 종속변수 x의 총 변동의 몇 %를 독립변수를 이용한 회귀방정식모형으로 설명할 수 있는가를 결정계수(coefficient of determination, R^2)를 통해 알 수 있다. "결정계수 R^2＝독립변수 예측값의 분산/독립변수 실측값의 분산"이므로, 독립변수가 종속변수의 변동 중 얼마나 설명할 수 있는지를 의미한다. 결정계수는 $0 \leq R^2 \leq 1$의 관계가 성립하며, $0.5 \leq R^2$이면 회귀방정식이 독립변수를 유의하게 설명한다고 할 수 있으며, $0.8 \leq R^2$이면 상당히 많이 설명한다고 할 수 있다. 그리고 회귀방정식에서 어느 독립변수가 더 종속변수를 잘 설명하고 있는가를 비교할 때, 회귀계수는 독립변수의 단위에 영향을 받으므로 표준화계수를 사용한다. 표준화계수는 단위에 상관없이 계수를 만든 것으로

표 7-11
모형 요약

모형	R	R 제곱	수정된 R 제곱	표준 오차 추정값의 표준오차
1	0.773	0.598	0.575	.51

표 7-12
분산분석

모형		제곱합	자유도	평균 제곱	F	유의확률
	회귀 모형	42.207	6	7.035	26.531	0.000
1	잔차	28.371	107	.265		
	합계	70.578	113			

그 특성은 상관계수와 비슷하다.

A사의 B청바지에 대한 소비자 만족 평가 결과를 SPSS 통계 패키지를 이용하여 다중회귀분석하는 순서는 다음과 같다.

① 분석의 회귀분석에서 선형을 선택하고 종속변수와 독립변수를 구분하여 종속 변수에 만족도, 독립변수에는 가격, 디자인, 브랜드, 색상을 선택하여 입력한다.
② 검정결과에 따라 적절한 검정통계량과 유의확률을 바탕으로 결론을 내린다.

표 7-13
계수

모형		비표준화계수		표준화계수	t	유의확률
		B	표준 오차 오류	베타		
	(상수)	0.851	0.305		2.790	0.006
	가격	0.02364	0.064	0.025	0.372	0.711
	디자인	0.211	0.059	0.282	3.594	0.000
1	내구성	0.248	0.061	0.271	4.071	0.000
	상표이미지	0.08211	0.063	0.098	1.299	0.197
	착용감	0.04056	0.056	0.050	0.719	0.474
	색상	0.248	0.056	0.356	4.392	0.000

회귀모형의 적합성을 모형요약과 분산분석 결과에서 확인한다. 〈표 7-11〉의 모형 요약을 살펴보면 결정계수 R제곱(R^2)이 0.598로 이 회귀식이 약 60%를 설명해 주고 있다. 〈표 7-12〉는 회귀방정식의 유의성을 검정하기 위한 분산분석 결과이다. 유의확률이 0.000이므로 이 회귀방정식은 1%이내에서 유의하다. 그러므로 독립변수, 색상, 착용감, 가격, 상표이미지, 디자인 등이 종속변수인 만족도를 잘 설명하고 있다고 할 수 있다.

③ 〈표 7-13〉에 나타난 회귀계수를 이용하여 회귀식 방정식의 형태로 정리한다. 그리고 독립변수의 기울기, 즉 회귀계수가 0과 유의하게 다른지 검정한다. 회귀방정식은 Y(만족도)＝0.851＋0.023×(가격)＋0.211×(디자인)＋0.248×(내구성)＋0.082×(상표이미지)＋0.040×(착용감)＋0.248×(색상)이 된다. 그리고 독립변수 중에서 디자인, 내구성, 색상은 유의수준 5% 이내에서 유의하다.

3부

감성의류과학

3부에서는 시감·촉감·청감과 같은 감성을 만족시키는 의류를 위한 감성의류과학을 다룬다.

8장에서는 의류의 색채와 형태를 중심으로 한 시감성 의류를 다룬다.

9장에서는 의류 직물의 촉감을 만족시키는 촉감성 의류를 다룬다.

10장에서는 의류의 청감을 만족시키는 청감성 의류를 다룬다.

11장에서는 2가지 이상의 감성을 고려한 공감성 의류를 다룬다.

8장

의류의 시감성 디자인

학습목표

1. 시감성을 형성하는 색채와 형태에 대해 학습한다.
2. 색채 감성을 일으키는 물리·심리적 특성에 대해 학습하고, 색채 감성에 영향을 미치는 요소들에 대해 이해한다.
3. 형태 감성을 일으키는 물리·심리적 특성에 대해 학습하고, 형태 감성에 영향을 미치는 요소들에 대해 이해한다.
4. 의복의 색채와 형태 감성을 평가하는 방법에 대해 학습한다.

인체의 감각 수용기가 많이 분포하는 눈은 우리가 살고 있는 세계의 사물이나 현상에 대하여 가장 많은 정보를 제공하며, 눈으로 본 것을 이해하기 위한 과정에서 추상적인 사고가 발생한다고 할 수 있다. 쇼윈도에 디스플레이되어 있는 의류제품은 표면에서 반사되는 물리적인 빛이 눈의 망막에 전달되어 전기적 자극으로 변해 뇌로 전해지는 신경활동의 흐름에 의해 인식된다. 빛은 규칙적이고 일정한 물리적 특성을 가지고 있으며, 인체의 신경활동 흐름도 구조적인 개인 차이가 거의 없기 때문에 일정한 규칙을 따르지만, 이들 시각정보에 의해 형성되는 의류제품에 대한 감성은 개개인의 경험이나 지식이 감각정보에 의미를 부여한 것이기 때문에 개인차가 있다. 이와 같이 의류제품에 대한 심리적 구조를 발전시키는 방법은 개인마다 다르기 때문에 각자가 서로 다른 방법으로 보면서도, 한편으로는 동일한 지식을 가지고 있는 사람들 사이에는 많은 영역의 경험을 공유하게 된다. 의류의 시감성 디자인은 의류제품에 대한 인간의 시각적 생물학적인 공통 특성과 경험과 지식에 의해 형성되는 개인의 다양성을 체계화시키고 정량화시키는 방법을 통해 이루어지고 있다.

의류제품의 감성은 시감에 의해 크게 좌우되기 때문에 시감성은 디자인 설계 및 평가에서 매우 중요한 부분을 차지하고 있다. 현재 이루어지고 있는 의류제품의 시감 디자인 연구는 주로 의류 및 직물의 색이나 형태(디자인, 직물 문양)에 대한 연구가 대부분을 차지하고 있으나, 이와 관련된 체계적인 이론과 과학적인 분석을 바탕으로 한 측정도구의 개발과 이를 활용한 시감에 대한 정량화 시도는 미흡한 실정이다. 본 장에서는 의류제품의 색이나 형태를 측정하기 위한 이론과 방법을 이해하고, 이를 바탕으로 의류제품에 대한 시감성평가에 활용되고 있는 측정도구에 대해 알아보고자 한다.

의류제품의 시감은 앞서 언급한 것과 같이 의류제품을 구성하는 색과 그 형태에 의해 크게 좌우된다. 따라서 의류제품의 색과 형태에 대한 시각적 생물학적인 공통 특성과 경험과 지식에 의해 형성되는 개인의 다양성에 대한 체계적 이론을 정립하고, 이를 바탕으로 하는 정량적(quantitative) 측정방법이 필요하다.

색의 인식에 대한 생물학적인 공통 특성(인체의 메커니즘)이 비교적 명확하게 알려져 있으며, 이를 바탕으로 제품 디자인이나 색채학(chromatology) 등에서는 색의 표준화된 표현이나 정량적 측정을 위한 색체계에 대한 이론이 확립되어 있다. 현재 의류제품 색감성의 측정은 이러한 이론과 이를 활용한 방법들을 사용하여 이루어지고 있으므로, 색체계와 이를 바탕으로 하는 색감성의 수량화에 대한 이론을 살펴보고자 한다.

형태에 대한 연구는 심리학, 예술학 그리고 제품 디자인 등에서 오랫동안 주제로 다루어지고 있다. 형태의 인식에 대한 생물학적인 공통 특성에 관한 다양한 이론들이 제시되고 있으나, 평가대상에 따라 개인의 다양성이 형태의 인식과 시감에 미치는 영향이 다르기 때문에 의류제품의 색과 비교하여 형태에 대한 측정 및 감성평가에 활용 가능한 이론과 측정방법을 찾기가 매우 어려워 관련 연구에 한계가 있다.

우리는 "몇 가지의 색을 구별할 수 있을까?", "그 중에서 정확하게 표현할 수 있는 색은 얼마나 될까?" 하는 의문을 가진다. 색을 명명 또는 측정하기 위해 구체적이면서 정량적으로 색을 표시하는 표준화된 체계를 색체계(표준색체계)라고 한다. 색체계는 색의 객관적 표시방법으로, 인간이 지각하는 색을 표시하는 현색계, 색의 혼합을 통해 심리·물리적인 색을 표시하는 혼색계로 나눌 수 있다.

1) 현색계

현색계(color appearance system)는 색체계 전체를 적당한 번호나 기호를 갖는 구

표 8-1
현색계와 혼색계의 비교

색체계	현색계	혼색계
색의 구별	지각색	심리물리색
표시대상의 구별기준	심리적 개념	심리물리색 개념
기초	색지각	색감각
색 표시의 원리	물체표준(색표 등)	빛의 혼색
표시대상	물체의 색	빛의 색
대표적인 예	먼셀, 오스트발트, NCS, PCCS 색체계	CIE 색체계
표색치	현색치(색상, 명도, 채도)	측색치(3자극치)
표시목적	지각적인 색의 표시	색의 정량적 표시

체적인 색표(color book)로 합리적인 표준을 정해놓고, 대상의 색과 색표를 비교하여 대상 물체의 색을 나타낸다. 현색계는 인간의 색지각을 기초로 지각적 등간격성을 갖도록 색을 3차원 공간에 체계적으로 배치화시킨 것이다. 기호나 수치로 표시되며, 색상(hue), 명도(value), 채도(chroma)에 의한 색의 표기, 배색조화의 선택, 계통 색명의 구분, 색표제작 등을 목적으로 한다. 대표적인 현색계는 먼셀 색체계, NCS, PCCS를 들 수 있다. 〈표 8-1〉과 같이 현색계와 혼색계는 색지각에 기초하느냐 색감각에 기초하느냐에 따라 색의 구별이나 표시대상의 구별기준에 차이가 있으며, 그 결과 색 표시의 원리와 대상 그리고 목적도 달라 서로 다른 분야에서 활용되고 있다.

(1) 먼셀 색체계

미국의 화가 먼셀(Albert. H. Munsell)에 의해 창안된 것으로 몇 차례의 수정을 거쳐 현재 사용하고 있는 색체계로 발전하였다. 먼셀 색체계(Munsell Color System)는 색상, 명도, 채도의 3속성을 이용하여 시각적으로 등간격의 고른 단계를 갖도록 색을 배치하는 것으로, 색의 전달과 교육을 목적으로 만들었다. 먼셀의 색입체는 〈그림 8-1〉과 같이 세로축에 명도, 주위의 운주상에 색상, 가로의 방사형축에

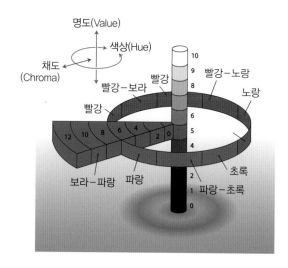

그림 8-1
먼셀 색입체

채도를 나타낸다. 색의 삼속성이 다른 색표에 순서에 따라 수치를 부여하고, 색상 (H), 명도(V), 채도(C)의 순서대로 기호화해서 표시한다. 색의 머리글자를 이용하여 주색상을 빨강(R), 노랑(Y), 녹색(G), 파랑(B), 보라(P)로 표시하고, 주색상의 5가지 보색을 추가하여 기본 색상환을 구성한다. 명도는 무채색의 검정을 0, 흰색을 10으로 나누어 11단계로 분류하고, 채도는 중심의 무채축을 0으로 하고 수평방향의 바깥으로 갈수록 숫자가 커진다. 색의 표기는 색상이 5P, 명도가 2, 채도가 10이라면, 5P 2/10으로 표기하며, 무채색은 뉴트럴(Neutral)의 약자인 N을 사용하여 N4와 같이 표기한다. 한국산업규격(KS)에서도 색의 표시에는 먼셀 색체계를 채택하고 있다.

2) NCS

NCS(Natural Color System)는 인간의 눈의 특성을 심리·물리적 원리에 대입하여 인간의 색지각을 기초로 완성한 논리적인 색체계로, 현실적으로 사용할 수 있어 유럽을 비롯한 전 세계에서 사용되고 있다. NCS 색입체는 흰색(W), 검정(S), 노랑(Y), 빨강(R), 파랑(B), 녹색(G)의 6가지를 기본 색상으로 구성된다. 색상환은 노랑(Y), 빨강(R), 파랑(B), 녹색(G)의 4가지 색을 기준으로 하고 그 사이를 10단계로 나누어 40가지의 색을 표현하고, 이웃한 색상의 혼합량을 %로 나타낸다. NCS의 특징은 색을 표시할 때 색상과 함께 뉘앙스(nuance)를 이용하여 나타낸다는 것이다. 뉘앙스는 흰색과 검정 그리고 순수한 색의 지각적인 혼합비의 합을 100으로 한다(W＋S＋C＝100(%)).

색삼각형의 정점에 흰색 W, 순수한 검정색 S 그리고 완전순색 C를 놓고 각 성분의 포함 정도를 나타낸다. 색을 S1050-Y90R로 표시한 경우, 맨 앞의 S는 NCS색표집 2판임을 나타내고, 1050은 뉘앙스를 나타내는 것으로 10은 검정색, 50은 유채색의 비율을 나타내며, 흰색의 비율은 100－(10＋50)＝40이다. Y90R은 색상을 나타내는데, 노랑(Y)와 빨강(R) 사이의 색으로 노랑이 10%, 빨강이 90%로 구성되어 있음을 의미한다.

(3) PCCS

PCCS(일본색연 배색체계; Practical Color Coordinate System)는 명도와 채도의 복합 개념인 톤(tone)과 색상의 조합에 의해 색채조화의 기본적인 색체계열을 나타낸다. 빨강, 노랑, 초록, 파랑의 4가지 원색을 기초로 각 원색의 심리보색을 원색의 대각선 방향에 배치한 후, 지각적 등간격성을 유지하여 4가지 색을 더해 12색으로 분할하고 여기에 다시 중간색을 배치하여 24색의 색상환을 구성한다. 명도는 먼셀 색체계의 근거하여 이상적인 검정을 0, 이상적인 흰색을 10으로 하며, 1~9.5 사이를 0.5간격으로 17단계로 분류한다. 채도는 이상적인 순색(9s)과 무채색(0s) 사이를 10등분하여 구성한다.

PCCS의 특징에 해당하는 톤(tone)은 색상이 달라도 비교적 공통적인 인상을 주는 명도와 채도의 복합적인 개념을 의미하는 것으로, 이 톤은 모든 색상에서 공통이므로 1~24까지의 숫자로 표시하는 색상에, 톤은 알파벳의 약자로 나타낸다. 따라서 dp14는 dp는 톤을 나타내고 14는 진한 청록색의 색상번호를 나타낸다. 톤과 색상에 의한 색의 표시는 배색효과나 색의 이미지 분석과 표현 등에 효과적이다. 톤은 색상별로 12가지로 분류할 수 있다. 각 톤에서는 색상에 의한 명도차이는 저채도의 연한(pale), 밝은 회색(light grayish), 회색(grayish), 어두운 회색(dark grayish)에서 차이가 적고, 고채도의 선명한(vivid)에서는 매우 크다.

이상의 현색계는 색을 시각적으로 이해하기 쉬우며, 색을 표현하는데 있어 기기를 필요로 하지 않아 편리하고, 인간의 색지각에 근거를 두고 등간격으로 일정하게 배열되어 있는 장점이 있다. 그러나 색들 사이의 간격이 넓어 정밀한 좌표를 구하기 어려우며 평가자의 주관, 광원 그리고 환경적인 요인 등에 영향을 받고, 빛을 색으로 표시하기 어려운 단점도 있다.

(4) 오스트발트 색체계

오스트발트 색체계는 모든 색을 흰색, 검정, 순색의 양으로 표시한다. 검정+흰색+순색=100%의 관계를 성립한다. 오스트발트 색입체는 색삼각형의 세 꼭지점 중아래쪽에는 검정, 위쪽에는 흰색, 수평방향의 끝에는 순색이 위치하며, 각 변이 8등분으로 나뉘어져 교차되는 면에 각 색이 위치하게 된다. 오스트발트 색상환은노랑, 빨강, 파랑, 초록을 기초로 하여 4등분한 후 그 사이에 주황, 보라, 청록, 연두의 4가지 색을 합하여 8색을 기본색으로 한다. 이와 같이 오스트발트의 색입체는보색을 중심으로 배치하였기 때문에 색상이 등간격으로 분포하지는 않는다. 8가지 색을 각각 3단계씩으로 나누어 각 색상명 앞에 시계방향으로 1, 2, 3의 번호를부여하여 24색상을 만든다. 오스트발트의 색체계에서는 명도와 채도를 따로 분리하여 표시하지는 않으며, 무채색의 명도는 흰색 W와 검정 B 사이에 흰색과 검정색의 함유량을 나타내는 8단계의 기호(a, c, e, g, i, l, n, p)를 삽입하여 10단계로설정한다. 오스트발트의 색체계는 색상번호-흰색 양을 나타내는 기호-검정색 양을 나타내는 기호의 순으로 표시한다. 예를 들어 $30lc$는 색상번호가 30이고, 명도가 lc인 색, 즉 l이 흰색의 양으로 8.9%, c는 검정색의 양으로 44%인 색을 가리킨다. 이때 순색의 양은 $100-(8.9+44)=47.1\%$가 된다. 오스트발트의 표색계는 색배열의 위치를 이용하여 조화로운 2가지 색을 쉽게 찾을 수 있어 디자인 분야에서 많이 사용하였으나, 같은 색이 명도가 다를 때 달라지는 것을 표현하기 어려운 한계가 있다.

2) 혼색계

혼색계(color mixing system)는 빛의 색을 나타내는 것으로, 색감각을 일으키는 빛의 3자극치(tri stimulus values)의 양으로 색을 나타내는 물리적인 체계이다. 모든 색은 3가지의 색광을 가법혼색(additive color mixture)하여 만들 수 있다는 원리를 이용하여, 임의의 색과 같은 색이 되는 데 필요한 색광의 혼합률을 구하는 실험에 기초하여 색자극 함수와 등색함수로 구하는 3자극치 등 심리·물리량으로 색을 표시한다. 실제적으로 측색기로 측색하여 출력된 데이터의 수치나 좌표로 표현할 수 있다. 대표적인 혼색계는 CIE색체계이다. CIE색체계는 1931년 국제조명위원회(C.I.E)에서 개발한 가법혼색의 원리에 의하여 심리·물리적인 빛의 혼색실험에 기초하여 색을 표시하는 방법의 하나이다. 어떤 빛에 의해서 일어나는 시신경의 흥분과 같은 양의 흥분을 일으킬 수 있는 3원색을 정하고 그 혼합비에 의하여 모든 색채를 표시하도록 하였다.

(1) CIE XYZ(Yxy)색체계

XYZ색체계는 현재 CIE 표준 색체계로서 각 색체계의 기초이다. 3원색(red, green, blue)의 가법혼색의 원리를 기초로 혼합량의 비율에 따라 색을 표시한다. 인간의 망막에는 특정한 파장(장, 중, 단)의 빛에 선별적으로 민감하게 반응하는 3가지의 원추세포가 있다. 3가지 원추세포는 가시광선에 대하여 파장별로 반응하는 감도가 다르므로 이 3가지 세포로부터 오는 신호의 크기에 따라 색을 다르게 느낀다. 3가지의 원추세포는 빨강, 녹색, 파랑에 자극되는 세포를 가지고 있으므로 이 세 세포에 민감하게 작용하는 3가지 색, 즉 원색(primary colors)의 조합으로 임의의 색을 재현할 수 있다.

등색함수(color matching function)의 한 예로서 1931년 CIE에 의해 측정되어 발표된 데이터에 의하면, 삼원색의 적절한 조합으로 어떤 특정한 파장의 색을 재현하는 함수를 토대로 파장에 대한 각 원색의 밝기를 그릴 수 있다. 이를 위해 특정 파장의 빛을 흰 종이에 비추고, 빨강, 녹색, 파랑의 3가지 색을 내는 전등을 합성하여 바로 옆에 비추어 두 빛을 서로 비교한다. 이때 세 전등은 밝기를 조절할 수 있어 미지의 빛과 같은 색으로 느끼도록 각각의 빛의 밝기를 조절한다. 두 빛이 대부분의 관찰자에 의해 일치한다고 판명되었을 때 세 전등에 걸리는 전류나 거리로부터 밝기를 산출하여 이 세 값 R, G, B로 미지 빛의 색의 값으로 삼는다. 실제로 1931년 CIE는 빨강, 녹색, 파랑의 세 표준 광원으로 각각 700nm, 546.1nm, 435.8nm의 단색광원을 사용하였다.

해당 파장의 빛을 만들어 내기 위해 필요로 하는 red의 양을 나타내는 R그래프는 파장의 일부 영역이 음의 값을 갖는다. 이는 red, green, blue의 세 빛으로 단색광인 그 파장 영역에 해당하는 빛을 만들어 낼 수 없어서 여기에 red를 그 만큼 더한 결과의 빛을 만들고, 이때 red를 더한 양을 음으로 나타낸 것이다. 이와 같이 R, G, B 등색함수처럼 빨강, 녹색, 파랑의 값으로 색을 표현하게 되면 R값이 − 가 되는 경우가 있어 1931년 CIE는 빛의 스펙트럼으로부터 색채의 값을 계산해 낼 수 있는 새로운 방법을 정의하였다. 이는 삼원색, 즉 R, G, B의 세 축을 다음의 행렬식으로 변환시킨 새로운 세 축 X, Y, Z의 값으로 나타내는 것이 CIE(X, Y, Z)색체계다.

$$\begin{bmatrix} 0.490 & 0.310 & 0.200 \\ 0.177 & 0.812 & 0.011 \\ 0.000 & 0.010 & 0.990 \end{bmatrix}$$

모든 색은 거의(X, Y, Z)의 3차원에서의 한 좌표를 차지한다고 볼 수 있으나 값이 − 인 경우는 없으므로 X≥0, Y≥0, Z≥0의 범위에 있는 것은 쉽게 이해할 수 있다. 실제로 함수가 적절하게 중첩되어 있는 것 때문에 Y, Z가 서로 맞물려 있어 그 범위는 더 축소된다. 만일에 어떤 한 좌표점에 해당하는 색이 존재할 수 있다면 이의 각 성분의 공통배수로 된, 즉 벡터가 같은 방향으로 길이만 달라진 색도 존재할 수 있다. 이에 따라 존재하는 색이 (X, Y, Z)공간에서 점유된 형태는 원점을 꼭지점으로 하는 뿔의 형태가 된다.

원점의 뿔의 정점에서 같은 방향으로의 벡터는 그 구성비가 같고 단지 밝기의 차이만 있는 것이므로 색으로서의 본질적인 요소는 같다고 할 수 있다. 이 요소를 나타낸 것을 CIE색도(chromaticity)라고 하며, 색의 벡터의 방향이 달라지면 색도값이 달라진다. 색도는 이들 세 값의 상대적인 비에만 의존하므로, X, Y, Z의 세 값으로부터 xy색도는 다음 식에 의해 구한다.

$$x = X/(X+Y+Z)$$
$$y = Y/(X+Y+Z)$$
$$z = Z/(X+Y+Z)$$
$$x+y+z = 1$$

빛의 색을 x, y, z로 표현하면 빛의 절대적인 밝기 정보는 없어진다. Y는 측광량이라고 하며 색의 밝기를 나타내는 양으로 반사율에서 명도에 대응되고, xy가 하나의 그룹이 되어 색도를 나타낸다. 색도란 밝음을 제외한 색의 성질로서 xy축에 의한 도표(색도표; Chromaticity diagram) 가운데의 점으로 표시된다. x, y와 Y로 색을 명명하여 이를 CIE 색도라고 하며, 표준광원에서 관찰하는 색을 수치화한 것으로 시각이 아닌 수학적 체계를 따르는 것이 특징이다.

(2) CIE L*a*b*색체계

1976년에 국제조명위원회에서 규격화한 지각적으로 거의 균등한 거리를 가진 색공간의 하나로서, L*a*b*색체계는 〈그림 8-2〉와 같이 간단한 측색기구를 이용하여 물체의 색을 표현할 수 있어 현재 여러 분야에서 가장 일반적으로 사용되고 있다. L*a*b*색체계에서는 명도를 L*, 색상과 채도를 표시하는 색도를 a*, b*로 표

그림 8-2
L*a*b*색체계

시한다. 먼셀이나 NCS 등과의 호환성 때문에 세계적으로 가장 널리 사용되고 있다.

3) 문-스펜서의 색채조화론

일상생활에서 또는 의류제품을 디자인하는 과정에서 색을 선택할 때 대부분의 경우 단색보다는 여러 가지 색을 조합하여 사용한다. 이때 어떠한 색들이 인접하도록 배치하느냐 또는 그 색들의 면적이 얼마만큼이냐에 따라 조화롭다 또는 조화롭지 않다고 느끼고 더 나아가서는 아름다움의 정도에 영향을 미친다. 따라서 색을 사용할 때 목적에 알맞게 옆이나 주위에 있는 색의 통일과 변화, 질서와 다양성 같은 반대요소를 모순이나 충돌이 일어나지 않도록 사용하는 색채조화에 대한 이론의 확립과 색채조화에 의한 아름다움의 정도를 정량화하려는 시도가 레오나르도 다빈치 이후 많은 예술가들에 의해 시도되어 왔다. 색채조화론은 색의 아름다움이 갖는 보편적인 법칙과 원리를 의미하는 것으로 변화가 많은 배색 방법에 일정한 질서와 법칙을 제시하여 배색간 조화의 원리를 규명함으로써 개인적이고 주관적인 색채조화의 평가를 일반적이고 객관적인 원리로 체계화하려는 것이다. 이는 아름다움이라는 배색이 따로 존재하는 것이 아니라 모든 배색의 아름다움은 색채조화라고 하는 근본원리에 의해 성립될 수 있음을 의미한다.

 문-스펜서는 색채조화를 색채조화의 범위, 면적효과 그리고 배색의 아름다움으로 나누어 기존의 색채조화론의 미흡한 점을 전개하였다. 이 이론은 배색의 아름다움에 관한 면적비나 아름다움의 정도와 같은 문제를 계산을 통해 정량화했다는 점에서 주목을 받았다. 그러나 복잡한 색채조화의 요인을 생략하여 단순화시켜 그 예측력이 낮음에도 불구하고 아직까지는 색채 조화의 정량화에 대한 연구에서 활용되고 있다.

4) 색채조화의 범위

모든 색의 조합은 조화와 부조화로 나누어지며, 조화배색은 쾌감을 주고, 부조화배색은 불쾌감을 준다고 했다. 색의 조합에는 쾌감과 불쾌감의 순서가 있으며 동시에 조화를 갖는 것이 미적 가치가 높다고 했다. 조화는 색 조합이 균일한 색공간에서 간단한 기하학적 관계에 있을 때 얻을 수 있다고 하였다.

문-스펜서는 먼셀 색체계에서의 2가지 색채의 명도, 채도, 색상 차이를 이용하여 조화와 부조화를 판단하여, 색 사이의 색차가 명확할 때 색채는 조화를 이룬 배색을 이룬다고 하였다. 문-스펜서의 조화·부조화 영역과 먼셀 색체계의 3속성과의 관계를 정리하면, 먼셀 색체계에서 2가지 색의 Hue, Value, Chroma의 차이를 바탕으로 색채조화(harmony)의 영역과 불명료(ambiguity) 영역으로 분류하였다. 동일조화(identity), 유사조화(similarity) 그리고 대비조화(contrast)를 조화 영역, 제1불명료의 부조화(1st ambiguity)와 제2불명료의 부조화(2nd ambiguity)는 불명료 영역으로 나타냈다. 또한 두 색 사이의 차이가 10 이상일 때는 눈부심의 부조화(glare)로 분류한다. 동일조화, 유사조화, 대비조화의 관계가 있는 색상은 조화롭기 때문에 유쾌한 배색이 되고, 이에 포함되지 않는 관계는 애매한 것으로 조화롭지 않기 때문에 불쾌한 조합이라고 했다. 명도, 채도의 조화 관계도 색상과 마찬가지로 동일, 유사, 대비(조화＝유쾌)와 애매(부조화＝불쾌)한 것으로 분류하였다.

5) 면적효과

색채의 조화는 CIE색도에서 감각적 차이가 균등하게 표시되지 않는 먼셀 색공간을 근사적으로 균등한 원통좌표로 변화시킨 색공간이다. 색의 3속성에 대해 지각적으로 등간격을 이룬 색 공간, 즉 ω-공간(ω-space)에서의 스칼러 모멘트(scalar moment)가 동일하거나 1, 2 또는 3과 같은 간단한 배수일 때 색들이 균형을 이루어 조화로운 배색이 된다. 이때 스칼러 모멘트는 색의 면적과 ω-공간에서의 순응점(adaptation point)으로부터 각 색까지의 거리를 곱해서 산출한다. 순응점을 먼셀 색표계의 N5(medium grey)를 사용한다. 식 1)과 같이 색의 스칼러 모멘트의 비율을 산출하면 균형을 이룬 조화로운 색 영역을 구할 수 있다.

$$\frac{A_1 \Delta E_1}{A_2 \Delta E_2} = 1, 2 \text{ or } 3 \qquad \text{식 1)}$$

A_1과 A_2는 색 1과 2의 면적, ΔE_1과 ΔE_2는 순응점에서 색 1과 2의 각각의 색차 값

6) 배색의 아름다움

문-스펜서의 색채조화론에서 조화, 부조화의 관계를 식 2)와 같은 버크호프의 아름다움 척도(aesthetic measure, M)를 이용하여 색채조화에 대한 감성을 수치로 정량화하였다. 아름다움의 척도(M)는 질서 요소에 복잡성 요소를 나누어 산출한다. 이 아름다움의 척도(M)가 0.5 이상이면 아름다운 것, 즉 좋은 배색이라고 한다.

$$\text{아름다움 척도(M)} = \text{질서 요소(O)/복잡성 요소(C)} \qquad \text{식 2)}$$

M은 아름다움의 척도(aesthetic measure), O는 질서(combination)를 구성하는 요소, C는 복잡성(complexity)을 구성하는 요소

문-스펜서는 색채조화에서 질서 요소를 식 3)과 같이, 복잡성의 요소는 식 4)와 같이 정의하였다.

$$\text{질서(O)} = A_n + (H_n + V_n + C_n) + B_n \qquad \text{식 3)}$$

A_n＝스칼러 모멘트 비율 1인 색 조합 수×1.0＋스칼러 모멘트 비율 2인 색 조합 수 ×0.5＋스칼러 모멘트 비율 3인 색 조합 수×0.25

H_n＝색상이 동일조화인 색 조합 수 h_s×1.5＋색상이 유사조화인 색 조합 수 Vs×1.1＋색상이 대비조화인 색 조합 수×1.7

V_n＝명도가 동일조화인 색 조합 수×(－1.3)＋명도가 유사조화인 색 조합 수×0.7＋ 명도가 대비조화인 색 조합 수×3.7

C_n＝채도가 동일조화인 색 조합 수×0.8＋채도가 유사조화인 색 조합 수×0.1＋채도 가 대비조화인 색 조합 수×0.4

B_n＝명도가 제1불명확 영역인 색 조합 수×(－1)＋색상이 제2불명확 영역인 색 조합 수×0.65＋명도가 제2불명확 영역인 색 조합 수×(－0.2)

$$복잡성의 요소(C) = N + N_{hdif} + N_{vdif} + N_{cdif} \qquad \text{식 4)}$$

N＝디자인에 사용되는 색의 수, N_{hdif}＝색상차이가 있는 색의 조합 수
N_{vdif}＝명도차이가 있는 색의 조합 수, N_{cdif}＝채도차이가 있는 색의 조합 수

　이상의 문-스펜서의 색채조화 식 3)과 4)를 이용하여 아래의 두 색에 대한 배색의 아름다움을 측정하면 다음과 같다. 동일한 면적을 갖는 2가지 색의 경우, 면적이 동일하기 때문에 스칼러 모멘트 비율은 생략하고, 먼셀 색체계에서 각각의 색상, 명도, 채도를 확인한 후 그 차이를 산출한다. 색상차이는 28 이상이므로 대비조화, 명도차이는 4.5이므로 대비조화이고, 채도차이는 1.5이므로 제1불명확 영역이다. 그리고 색의 수는 2개, 색상, 명도, 채도차이가 있는 색의 조합은 각각 1이

그림 8-3
2가지 색의
먼셀 색체계 값

9PB 3.5/11.5　　　　　　5Y 8/13

므로 배색의 아름다움=1.7+3.7+0/2+1+1+1로 1.08이고, 0.5보더 크므로 조화롭고 아름다운 배색이라고 할 수 있다.

의류 형태의 측정 2

의류제품의 형태는 각기 다른 특징을 가지며, 우리는 색과 함께 형태를 단서로 많은 의류제품을 구별한다. 인간이 시감에 의해 미묘한 형태의 차이를 지각할 수 있으므로 시감에 의해 받아들인 정보가 매우 풍부해지고, 형태에 의해 다양한 감성이 형성된다. 의류제품의 시감을 형성하는 색채는 반사된 빛의 특정 파장에 의해 눈의 망막에 이미지를 맺히고 이것을 시신경 세포가 뇌에 전달하여 지각하고 나아가 색채 감성을 형성한다. 그러나 시감을 통한 형태의 인식과 감성 형성에 대해서는 명확하게 밝혀지지 않은 부분이 많다. 슈퍼컴퓨터에 매우 단순한 물체의 형태를 인식하도록 프로그램을 만들려고 해도 많은 해결하기 어려운 문제에 직면하게 된다. 이는 인간의 형태에 대한 시감이 감성을 형성하는 과정이 결코 단순하지 않으며, 아직까지 명확하게 밝혀져 있지 않은 부분이 많기 때문이다.

아름다운 형태라는 아름다운 조형의 개념과 그 기준은 도대체 무엇일까? 간단하게, 아름다움이라고 해도 모든 사람이 다 똑같이 어떤 대상을 아름답다고 하는 경우는 매우 드물다. 개개인의 아름다움에 대한 의식이 다른 것과 같이, 아름다움에 대한 기준도 동일하지 않다. 이와 같이 형태의 아름다움을 결정하는 조건에는 형태가 가진 본래의 의미나 내용과 그것을 평가하는 사람의 심리적 상태에 대한 고려가 포함된다. 마음이 아름답고 맑은 성품의 사람이라면 아름다운 사람이라고 느끼는 것과 같이 형태의 미적인 매력을 결정하는 조건은 다양하다. 때문에 형태의 아름다움의 본질을 파악하려고 할 때, 이러한 관점이나 의미, 내용과 분리하여, 필연적으로 형태의 조형적 요소만으로 객관적으로 판단하는 방법을 찾고 있다. 이를 미학에서는 미적형식 원리(aesthetic principles of form)라고 부르며 의류학에서도 디자인 원리로 활용하고 있다. 고대 이집트에서 고안되고 그리스시대에 널리 사용되어 궁극적인 미의 원리라고 불리는 황금비율(golden section)은 그 후 서양미술의 미의 규범이 되었다. 이 황금비율의 개념은 서구문화의 근간을 이루는 추상적인 미적형식 원리라고 할 수 있으나, 색의 색표계나 측색기와 같이 형태를 수량적으로 측정할 수는 없다.

형태의 객관적 표현이나 측정은 색채보다 밝혀지지 않은 부분이 많아서, 형태지각의 과정을 설명하고 형태의 특징량을 측정하고 평가하려는 연구가 다양한 분야에서 많이 이루어지고 있다. 나아가 이들 학설을 바탕으로 형태에 대한 감성을 평가하려는 시도들이 이루어지고 있으나 아직까지 체계적이면서 수량적인 방법을 발견하지는 못했다. 여기에서는 버크호프(Birkhoff)의 미학적 척도를 이용해 형태의 아름다움을 수량적으로 측정하려는 이론, 공간주파수 분석을 이용한 형태의 정량화 방법에 대해 살펴보고자 한다.

1) 버크호프의 아름다움 척도

인간의 감각적, 심리적, 감성적인 평가에 해당하는 아름다움(beauty)을 버트호프 (George David Birkhoff)는 수학을 토대로 대상의 아름다움 즉, 미학적인 수치를 객관적으로 계산할 수 있는 방법을 제안하였다.

버크호프는 아름다움을 질서(order)와 복잡성(complexity)의 2가지 요인으로 식 2)(p. 137 참조)와 같이 표현하였다. 식 2)는 인간이 명확하게 정해진 것에 흥미를 느끼지 못하고 예기치 못한 것에는 흥미를 느끼며, 무질서에 대해서는 불안함을 느끼나 규칙성에서는 안정을 느끼므로, 질서와 흥미 사이의 적절한 균형에서 미적 가치, 즉 아름다움의 정확한 양을 산출하고 있다. 이 공식에 따르면, 형태적인 아름다움이란 질서는 변하지 않고 복잡성이 감소할 때 또는 복잡성은 변함없고 질서가 증가할 때 높게 평가된다. 이는 의류의 아름다움은 인간의 감정을 혼동시키지 않는 질서와 인간의 인식이 충분히 자극될 수 있는 흥미의 만족스런 균형을 요구한다는 측면에서 형태적인 아름다움을 객관적으로 측정할 수 있을 것으로 생각된다.

다각형 선도형의 복잡성은 윤곽선의 선분 개수에 의해 결정된다. 질서는 도형의 수직적 대칭성(Vertical symmetry, V), 균형(Equilibrium, E), 회전대칭성(Rotational symmetry, R), Nets의 형성(Relation of the Polygon to a Horizontal-Vertical Network, HV), 일반적인 형태(General Negative Factor, F)를 통해 나타낼 수 있다. 다각형의 대칭성(V)은 수직선에 대하여 좌우대칭성을 의미하는 것으로 좌우대칭일 때 1, 비대칭일 때 0으로 구별되며, 균형(E)은 수직 대칭축의 수직선을 그은 후의 좌우 균형으로 판단하는 것으로 균형을 이루면 1, 그렇지 않으면 0으로 구별된다. 회전대칭성(R)은 회전시켰을 때의 대칭성을 의미하는 것으로 다각형의 그대로 또는 오목한 부분을 확장하거나 해서 한번 회전을 위한 최소한의 각도인 a와 도형의 면의 수 q의 관계 $a = 180°/q$를 이용하여 회전대칭성을 $R = q/2$ 또는 $R = 180°/a$를 통해 산출할 수 있다. 회전 대칭 축이 없거나 각도가 너무 크면 0으로 나타낸다. Nets의 형성(HV)은 다각형 안에서 수직선과 수평선이 동일한 길이의 그물 형태로 교차되어 놓여 있을 때 2, 길이가 다르거나 일부분일 때 1, 그렇지 않을 때 0으로 구별하며, 일반적인 형태(F)란 다각형이 명확한 윤곽을 가지고 있어 선도형 위의 임의의 점에서 중심을 기준으로 수직 또는 수평의 사선으로 분할하였을 때 양쪽으로 형태가 같으면 0, 동일하지 않고 한쪽으로 기울어진 형태이

도형	a	b	c	d	e
수직대칭성 V	1	1	1	1	0
균형성 E	1	1	1	1	−1
회전대칭성 R	2	3	0	2	2
Nets의 형성 HV	2	0	0	2	0
일반적인 형태 F	0	0	−2	0	0
질서(O)	6	5	0	6	1
복잡성(C)	4	6	5	12	8
아름다움(M)	1.50	0.83	0	0.50	0.13

표 8-2
버코호프의
아음다움 척도의 예

면 − 2로 나타낸다.

$$질서(C) = 수직대칭성(V) + 회전대칭성(R) + 균형성(E) + Nets의 \ 형성(HV) − 일반적 \\ 형태(F)$$

버크호프는 이 공식을 이용하여 90개의 도형에 대하여 질서와 복잡성을 측정하여 아름다움을 판단한 결과, 정사각형의 형태는 1.50, 정삼각형은 1.16, 정팔각형은 0.83 그리고 마름모형의 사각도형은 0.75의 아름다움을 갖는 것으로 계산되었다. 즉, 사람들은 정사각형과 같은 심플한 도형을 아름답다고 느낀다고 보고하였다.

2) 공간주파수(빈도) 접근

우리 시각에는 흐릿한 상과 선명한 상에 선별적으로 반응하는 시각 통로가 있는 것으로 알려져 있다. 이를 전문적인 표현으로는 모양 정보 처리 과정에는 상이한 공간주파수(빈도) 접근(spatial frequency approach)에 선별적으로 반응하는 분리된 채널이 있다고 한다. 쉽게 말하면 공간주파수는 단위면적당 밝기 변화의 정도를 말한다. 고 공간주파수는 그림의 세밀한 정보를 나타내고, 저 공간주파수의 정보는 세세하지는 않지만 대상의 전반적인 밝기 변화에 대한 정보이다. 우리는 이렇게 분리된 고 공간주파수와 저 공간주파수 채널에서 들어온 정보를 통합하여 하나의 상으로 지각하게 된다.

인간의 대뇌 반구는 공간주파수(spatial frequency)라고 알려진 시각정보의 속성을 처리하는 능력에서 차이가 나며, 이는 공간주파수의 특성에 따라 반응하는 신경세포가 존재하기 때문이라는 이론을 바탕으로 물체의 형태적 특징을 측정하고자 하는 이론이다. 공간주파수는 자극의 세밀함을 나타내는 것으로 공간에서의 밝기나 색상의 변화 정도를 단위면적당 선이 반복되는 빈도로 표현한다. 공간주파수는 주어진 공간 안에 있는 밝음-어두움 변화수의 함수이므로 더 많은 밝음-

어두움 변화를 가지는 격자는 고주파수를 가지는 반면, 더 적은 밝음-어두움 변화를 가지는 격자는 저주파수를 가진다. 물체의 형태를 볼 때 전체적인 윤곽(혹은 실루엣)은 저주파수의 명시도 변화에 따라 정의되고, 디테일의 세밀한 특징들은 고주파수의 변화에 의해 정의된다.

물체의 형태나 장면이 가지고 있는 다양한 공간주파수들은 공간주파수 탐지기의 흥분을 통해 그 특성에 반응하는 신경세포를 자극하게 된다. 이때 공간주파수를 다양한 사인파로 나타내는 것을 푸리에 분석이라고 한다. 그리고 사인파로 나타낸 공간주파수 성분을 다시 결합하는 푸리에 합성을 통해 물체의 형태나 장면으로 지각한다는 이론이다.

원피스의 형태와 무늬에 대하여 푸리에 변환으로 공간주파수를 추출한 결과에 따르면, 왼쪽의 원피스는 물방울 무늬를 가지고 있어서 밝고 어두움의 변화가 커서 무늬가 사방으로 전개되고 있는 방향성을 나타내는 반면, 가운데의 민무늬 원피스는 밝고 어두움의 변화가 작다. 그리고 가운데의 민무늬 원피스는 폭에 비해

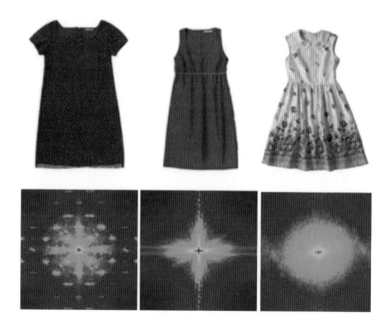

그림 8-4
원피스의 형태와 무늬에
대한 공간주파수

길이가 긴 H라인 실루엣으로 실루엣이 A라인을 갖는 왼쪽과 오른쪽의 원피스의 파워스펙트럼이 원형을 나타내는 것과는 다른 모양을 나타냈다. 이와 같이 공간 주파수는 의류제품의 형태와 문양의 특징을 객관적으로 측정할 수 있다.

3 의류의 시감성 평가

의류제품은 겉으로 보이는 화려함과 다양함에 비해 형태가 매우 제한적이라는 특이한 점을 발견할 수 있다. 이러한 제약은 옷이 사람의 몸을 벗어날 수 없기 때문에 나타나는 현상이다. 그럼에도 불구하고 의류제품의 디자인이 다른 디자인 분야보다 더 화려한 스펙터클을 만들어 내는 것은 색 때문이다. 색채는 의류제품의 형태적 제한을 완전히 해소하면서 다양함과 화려함을 업그레이드시킨다고 한다. 수많은 명품 브랜드에서 생산하는 아이템은 매 시즌 거의 비슷하지만 색을 이용하여 유사한 아이템에 전혀 유사하지 않은 브랜드의 개성을 심어준다. 검은색으로 10년간 변신해 온 '샤넬', 이탈리아의 대리석 색감의 '조르지오 아르마니', 우아하고 화려한 '임마누엘 웅가로' 색 그리고 귀여운 색의 '마크 제이콥스' 등은 그들만의 고유한 색을 가지고 있으며, 이 고유의 색이 브랜드의 개성을 사람들에게 각인시킨다.

색이라는 것은 그것을 지각하는 대상에 따라 다르게 받아들이기 때문에 색을 보는 인간이 존재하지 않는다면 우리가 말하는 색은 존재하지 않을 것이다. 따라서 색이란 객관적 존재가 아니라 심리적 인상이라고 할 수 있다. 그리고 색채 감성이란 것은 심리적인 영향에 의해 나타나는 것이 아니라 색 자체의 물리적 특성에 의한 생리적 반응의 영향이 함께 작용해서 나타나는 것이다.

의류의 형태는 앞서 언급한 것과 같이 인체를 감싸고 있어 그 형태는 어느 정도 한정적이라고 할 수 있다. 그러나 한정된 형태 안에서 다양한 감성을 표현하기 때문에 의류의 전체적인 형태, 즉 실루엣의 차이는 스커트, 바지, 재킷과 같은 의류 아이템의 차이뿐만 아니라 의류의 부분적인 형태, 즉 각 아이템을 구성하는 네크

라인, 칼라와 같은 디테일한 디자인 요소의 변화에 크게 영향을 받는다. 따라서 의류의 형태에 대한 감성평가에서는 전체적인 실루엣과 부분적인 디테일에 의해 만들어지는 형태를 모두 고려해야 한다.

인간의 아름다움에 대한 평가는 천차만별이다. 그러나 아름다운 그림을 보았을 때 대부분의 사람이 아름답다고 느끼므로 사람들의 아름다움에 대한 평가 기준이 전혀 다르다고만은 할 수 없을 것 같다. 현재의 의류산업은 어패럴 CAD/CAM과 컴퓨터 그래픽과 시뮬레이션 등을 활용한 패턴 설계 및 제조와 관련된 분야에서는 급속한 발전이 이루어지고 있으나, 의류제품에 대한 평가는 인간의 경험에 의한 판단에 의지하고 있을 뿐 이를 정량적으로 측정하려는 시도는 미흡하다. 의류제품의 설계 및 생산이 가상공간에서의 시뮬레이션을 바탕으로 자동화됨에 따라서 의류제품의 디자인, 즉 형태적인 아름다움에 대한 평가의 자동화에 대한 수요도 생겨나고 있다. 의류제품의 디자인과 패턴설계가 컴퓨터 시뮬레이션과 자동화에 의해 자동화됨에 따라 생산할 수 있는 의류의 패턴수가 기하급수적으로 많아졌고, 따라서 이를 구입하려는 사람들은 자신의 기호와 체형에 맞는 것을 방대한 양의 의류제품들 중에서 선택해야만 한다.

의류제품의 형태적인 아름다움 평가에 있어서, 의류의 실루엣을 포함한 기초적인 윤곽선에 대한 아름다움을 평가하기 위해 버크호프(Birkhoff)의 도형의 아름다움에 관한 이론과 공간주파수 이론을 사용한다. 그러나 의류제품을 구성하는 부분적인 형태에 대한 감성을 평가하기 위해서는 그 형태를 명목척도로 분류하는 카테고리법을 사용하여 감성평가에 사용하는 경우가 많다.

1) 카테고리법을 이용한 감성평가

의류의 색채와 촉감을 제외한 시각적 디자인 요소, 즉 형태에 대한 감성을 평가하기 위해 의류제품의 형태를 구성하는 요소를 선정하고 각 요소에 대한 인자를 분류한다. 캐주얼 티셔츠의 디자인 요소에 대한 감성을 평가하기 위해 티셔츠의 형태 요소를 카테고리화한 결과에 따르면, 티셔츠를 collar 형태, 장식유형, 로고의 위치와 크기 등으로 분류한 후에 중복되는 아이템을 삭제한 후 감성 언어를 이용하여 SDS법을 실시한다. 여성복의 디테일에 따른 감성과 상대적인 영향력을 평가하기 위하여 디테일의 형태적인 요소를 그림으로 분류시킨 결과에 따르면, 이들 형태 요소 또는 인자와 감성 언어 사이의 관련성을 SDS법을 이용하여 평가한 후 통계적 분석방법을 이용해서 분석하는 과정으로 이루어진다. 그리고 직물 문양에 대한 감성에 영향을 미치는 디자인 요소를 체계적으로 추출하기 위하여, 직물 문양의 지각적 특성을 이용하여 카테고리화시켜 분류하였다. 카테고리법은 셀 수 없이 많은 의류제품의 형태적 요소가 갖는 지각적인 특성을 분류하는 데는 매우 효과적이지만, 명확하게 분류하기 어려운 미세한 형태적인 차이를 구별하기에는 한계점이 있다. 따라서 카테고리법의 장점을 살리면서 단점을 보완하기 위해 퍼지(fuzzy), 뉴럴 네트워크(neural network) 등의 접목이 기대된다.

2) 화상 분석을 이용한 감성평가

최근에는 디지털 화상 분석(image analysis) 기술의 보급으로 디지털 화상 데이터에서 의미 있는 정보를 추출해내는 화상 분석이 감성평가에서 활용되고 있다. 인간의 시각적 지각 모델에 영향을 미치는 에지 추출(edge detector)과 뉴럴 네트워크(neural network)와 같은 화상 분석 툴을 이용하여 의미 있는 정보를 추출할 수 있는 것으로 알려져 있다.

감성언어를 이용하여 직물의 문양을 검색하는 기술 개발에 화상 분석을 사용하기도 한다. 화상 분석으로 직물 문양의 색채, 모양, 질감의 정보를 추출하여 문양의 물리적 특성과 감성언어 사이의 사상함수(mapping function)을 얻어 직물 문양이 위치하는 감성 공간을 예측한다.

3) 뇌파를 이용한 감성평가

색채 자극에 대한 뇌파 파형의 특성에 따라 실내디자인에서 적용될 수 있는 공간

표 8-3
뇌파 유형에 따른
공간요소

Physical Response	Spatial Factor	Color Coordination	
		Main Color	Sub Color
Alpha	Peaceful Space	Yellow, White	Green, Blue, Red
Beta	Lively Space	Red, Violet	Yellow, Black, Green
Theta	Pleasant Space	Blue, Yellow	White, Violet, Black
Left Hemisphere	Formal Space	White, Black	Blue, Violet, Green
Right Hemisphere	Artistic Space	Violet, Yellow	Red, Black, Blue

적 요소로 정의하기 위한 감성평가를 실시하였다. 색채의 물리적인 특징을 나타내는 물리량으로 먼셀 색체계의 색상, 명도, 채도, 그리고 RGB, CMYK를 측정하였다. 뇌파를 측정하여 FFT를 통해 주파수 대역별 파워스펙트럼을 구하고 주파수 대역이 차지하는 상대출현량을 산출하였다. 그 결과, 〈표 8-3〉에 나타낸 것과 같이 알파파는 평온한(peaceful) 공간, 베타파는 활동적인(lively) 공간, 세타파는 즐거운(pleasant) 공간, 좌뇌는 이성적인(formal) 공간, 그리고 우뇌는 예술적(artistic)인 감성적 공간으로 명명하여 뇌파의 유형을 공간의 기능적 요소와 매칭(matching) 하였다.

인체의 감각 수용기가 많이 분포하는 눈은 우리가 살고 있는 세계의 사물이나 현상에 대하여 가장 많은 정보를 제공하며, 눈으로 본 것을 이해하기 위한 과정에서 추상적인 사고가 발생한다고 할 수 있다. 쇼윈도에 디스플레이 되어 있는 의류제품은, 표면에서 반사되는 물리적인 빛이 눈의 망막에 전달되어 전기적 자극으로 변해 뇌로 전해지는 신경활동의 흐름에 의해 인식하게 된다. 빛은 규칙적인 일정한 물리적 특성을 가지고 있으며, 인체의 신경활동의 흐름도 구조적인 개인 차이가 거의 없기 때문에 일정한 규칙을 따르지만, 이들 시각정보에 의해 형성되는 의류제품에 대한 감성은 개개인의 경험이나 지식이 감각정보에 의미를 부여한 것이기 때문에 개인차가 있다. 이와 같이 의류제품에 대한 심리적 구조를 발전시키는 방법은 개인마다 다르기 때문에 각자가 서로 다른 방법으로 보면서도, 한편으로는 동일한 지식을 가지고 있는 사람들 사이에는 많은 영역의 경험을 공유하게 된다. 의류의 시감성 디자인은 의류제품에 대한 인간의 시각적 생물학적 공통 특성과 경험과 지식에 의해 형성되는 개인의 다양성을 체계화시키고 정량화시키는 방법을 통해 이루어지고 있다.

직물은 의류의 디테일을 결정하는 데 중요한 영향을 미칠 뿐만 아니라 입체적 실루엣과 전체적인 이미지를 완성하는데 중요한 역할을 한다. 소비자들이 선호하는 직물을 개발하고 기획하는 것이 의류제품 및 섬유 산업의 발전에 큰 영향을 미치고 있으므로, 의류제품의 기획단계에서부터 신소재를 개발하고 기획하여 소재의 차별화를 통한 의류제품의 차별화를 도모하고 있다. 따라서 소재의 감성과 의류감성의 관련성을 파악하는 것은 매우 중요하다.

의류제품은 인체의 피부와 직접 밀착되어 다양한 촉각적 자극을 부여하기 때문에 직물에서 유발되는 촉감은 의류의 쾌적성은 물론 감성평가의 주요 요인 중의 하나이다. 그러므로 의류제품과 섬유제품의 촉감성을 객관적으로 측정하여 신뢰성 있고 재현성 있는 자료를 데이터베이스화하려는 시도가 지속적으로 요구되고 있다. 직물의 촉감성에는 1) 외부자극으로서의 직물의 역학적 특성, 2) 자극에 반응하여 인간의 내부에서 일어나는 심리적 반응, 그리고 3) 생리적 반응으로서의 뇌파, 자율신경계 반응이 관여한다. 직물의 역학적 특성과 심리적 반응 사이의 관계 분석을 주로 하는 기존의 직물 촉감성 연구를 바탕으로, 최근에는 생리적 반응을 측정하고 정량화하여 소비자들이 원하는 촉감성을 갖는 직물을 설계하기 위한 다양한 시도가 이루어지고 있다.

의류의 촉감성에 영향을 미치는 직물의 역학적 특성을 객관적으로 측정하여 인간의 심리적 반응과의 관계를 파악한 KES-FB와 FAST에 대해 이해하고, 직물의 역학적 특선과 생리적 반응과의 관계를 분석하는 방법들을 소개하여 의류의 촉감성 디자인을 위해 필요한 지식에 대해 알아보고자 한다. 그리고 화상 분석, 플랙탈과 같은 방법을 이용하여 의류제품 및 직물의 촉감성을 객관적으로 측정한 의류의 촉감성 디자인의 예를 살펴보고자 한다.

학습목표

1. 직물의 촉감성에 대한 개념을 학습한다.
2. 직물의 역학적 특성으로 직물의 태를 측정하는 KES-FB에 대해 학습한다.
3. 생리적 반응 측정을 통한 촉감성 평가에 대해 학습한다.
4. 가상 촉감성 실현을 위한 햅텍스에 대해 학습한다.

1 직물의 촉감 측정

    촉각(touch or tactile sensation)이란 물건이 피부에 닿아서 느껴지는 일차적 감각(sense/feeling)으로, 외부 자극이 피부 감각을 통해 전해지는 복합적 감각인 촉감(feel/touch)에 영향을 미치는 중요한 요소이다. 의류제품의 경우 옷을 만지거나 입었을 때 직물과 피부가 닿았을 때의 느낌(stiffness or rigidity, softness or hardness, warm or cool, wet or dry)을 직물의 태(fabric hand/handle)라고 한다. 직물의 태는 시각, 촉각, 청각에 의해 종합적으로 평가되는 것이지만 여기에서는 촉각에 의한 평가에 중점을 둔다.

1) KES-FB

직물의 태는 인간의 촉감과 시각에 의해 평가되어 당연히 주관적일 수 밖에 없으므로 주관적인 평가 방법이 가장 일반적인 방법이다. 직물의 태에 대한 전문가들은 손으로 천을 만져서 천의 역학적 특성과 표면 성질에 대한 정보를 감각을 통해 추출한 후, 몇 가지 기본적인 태를 바탕으로 직물의 특성과 성능을 뇌에서 판단하여 언어로 표현한다. 그러나 이들 전문가들 사이에도 개인차가 존재하며, 태를 표현하는 용어의 통일성과 객관성이 부족하다. 또한 직물의 태는 국가, 지역 그리고 문화에 따라 차이가 있으며 주관적인 비교평가에 많은 시간이 필요한 단점이 있다. 따라서 객관적인 직물의 태 평가방법에 대한 연구가 진행되어 왔다.

    직물의 태를 객관적으로 측정할 수 있는 대표적인 시스템으로는 FAST(Fabric Assistance by Simple Testing)와 KES-FB(Kawabata Evaluation System for Fabrics)를 들 수 있다. FAST는 호주 CSIRO(Commonwealth Scientific and Industrial Research Organization)에서 개발한 것으로 봉제성과 재단형태를 측정하기 위해 고안되었다. KES-FB(Kawabata Evaluation System for Fabrics)는 일본의 태 평가 표준위원회에서 개발한 것으로 직물의 태는 6가지의 기본적인 역학적 특성을 이용하여 종합적으로 평가된다는 가정 하에서, 이들 역학적 특성치를 측정하여 전문 위원들의 관능평가에 의해 확립된 기본 태에 대한 값을 회귀분석을 이용하여 나타냈다. 그러나 가와바타의 연구는 일본인만을 대상으로 한 주관적인 태 평가를 바탕으로 기본감각영역을 구분하였다는 한계점을 가진다.

KES-FB의 개발은 직물의 역학적 성질에 의한 느낌으로 태 대부분이 결정되며 그 평가기준은 의류제품의 용도에 따라 달라진다는 가정을 전제로 이루어졌다. 가정 먼저 태를 표현하는 감각표현 용어들 중에서 〈표 9-1〉에 나타낸 것과 같은 중요한 용어를 선택하여 각각에 대해 정의를 내린다. 그리고 중요한 감각표현 용어들을 표현하는 표준샘플에 해당하는 직물을 정하고 샘플 직물들의 강도를 수치 (0-10)로 정의한다.

표 9-1
중요 감각표현 용어와
그 정의

감각표현용어		정의
일본어	한국어(영어)	
KOSHI	강연도 (stiffness)	굽힘성과 관련된 느낌, 굽힘 탄력성은 이 느낌을 크게 함. 직물의 밀도를 높게 하고 탄력성이 있는 실로 제직한 직물은 이 느낌을 강하게 함
NUMERI	유연도 (smoothness)	매끄럽고 유연하고 부드러운 느낌으로부터 나오는 혼합된 느낌, 캐시미어섬유로 짜여진 직물은 이 느낌을 강하게 나타냄, 가늘고 고급인 양모로부터 나오는 부드러움
HARI	반발탄력성 (anti-drape stiffness)	직물의 탄력성 유무에 관계가 없는 뻣뻣한 느낌, 퍼짐 (spread)의 의미를 가짐
SHARI	깔깔이 (crispness)	직물의 표면이 파삭파삭하고 거칠 때 오는 느낌, 답답하고 강한 실에 의해 유발됨(직물들끼리 표면을 문지를 때 발생되는 파삭파삭하고 건조하고 날카로운 소리를 뜻함)
FUKURAMI	풍유도 (fullness & softness)	부피감이 있고 풍부하며 좋은 맵시에서 오는 느낌, 압축시의 탄력성과 따뜻한 느낌이 동반된 두꺼움은 이 느낌과 밀접한 연관이 있음
KISHIMI	살랑이 (scrooping feeling)	견명의 느낌, 견직물이 이 느낌을 강하게 가지고 있으며, 옷깃을 스칠 때 느껴지는 소리
SHINAYAKASA	조화성 (flexibility with softness)	부드럽고 유연하며 매끄러운 느낌이나, 반발탄력성은 느껴지지 않는 촉감

그림 9-1
직물의 태 산출 과정

표준샘플 직물들에 대하여 전문가들이 촉감을 분석하고 그 역학적 특성을 측정하여, 전문가들의 촉감으로 변환시키는 변환식을 개발한다. 직물의 태의 기준은 최종 용도에 해당하는 의류제품에 따라 달라지므로 신사용 동복지 또는 하복지, 숙녀용 박지 또는 중후지로 분류하여 각각의 용도에 맞는 감각표현 용어와 변환식을 이용하여 태를 예측한다.

이와 같은 과정을 통해 개발된 KES의 변환식을 이용하여 〈그림 9-1〉과 같은 과정으로 직물의 태를 산출한다. 직물의 역학적 특성을 조절하여 직물의 태를 조절하기 위해서는 태와 직물의 역학적 특성 사이의 상호관계를 알아야 하므로 가장 먼저 직물의 역학적 특성을 측정한다. 6가지의 역학적 특성(인장, 굽힘, 표면, 전

표 9-2
역학적 특성과 태의 관계

BW	직물 자체의 무게에 의해 직물이 늘어질 때의 형태에 관계하고, 그 값이 작을수록 잘 드리워짐
2HB/W	직물 자체의 무게에 의해 직물이 늘어질 때의 형사의 불확정에 관계하고, 값이 클수록 형태가 불안정
2BH/B	큰 값을 갖는 직물이 착용시 형 무너짐 및 구김이 생기기 쉬움
2HG/G	적당한 값을 가질수록 형태 보유성이 좋음
MMD/SMD	작은 값을 가지는 직물이 표면의 Touch가 매끈하고, 촉감이 좋고 나쁨에 관계
WC/W	큰 값을 갖는 직물일수록 압축이 부드러움
WC/T	큰 값을 갖는 직물일수록 압축이 부드러움
W/T	작은 값을 갖는 직물이 공기의 함량이 많고, 볼륨감이 높음
$3(B/W)^{1/2}$	직물 자체의 무게에 관계하며, 큰 값일수록 굽힘이 딱딱하고, Drape성이 떨어짐
$(2HB/W)^{1/2}$	직물 자체의 무게에 의해 직물이 늘어질 때의 형상의 불확정에 관계하고, 값이 클수록 형태가 불안정

표 9-3
감각평가값
(Hand Value, HV)

그룹	XH	강한(A)			중간(B)			약한(C)			XL
		A-A	A-B	A-C	B-A	B-B	B-C	C-A	C-B	C-C	
HV	10	9	8	7	6	5	4	3	2	1	0

단, 압축, 무게와 두께)과 태의 관계를 〈표 9-2〉에 간단히 나타냈다.

감각표현 용어에 대한 촉감의 강도에 따라 느낌이 강한/중간인/약한 3개 그룹의 샘플직물로 분류한 후, 다시 각 그룹 내에서 느낌이 강한/중간인/약한으로 분류하여 총 9그룹으로 분류한다. 9개의 그룹 중에서 강한의 강한 그룹, 약한의 약한 그룹에서 아주 강한과 아주 약한을 따로 분리하는 조정과정을 거쳐 0-10까지의 11개 그룹으로 나누어지며, 이 숫자가 감각평가값(hand value)이다(표 9-3). 그리고 역학적 특성값을 이용하여 감각 평가치(y)를 예측하기 위한 가장 간단한 식은 다음과 같은 선형식이다.

$$y = c_{0'} + \sum_{i=1}^{16} = c_{i'} x_i$$

y: 감각평가값, $c_{0'}$와 $c_{i'}$: 계수, x_i: i번째 역학적 특성치

감각평가값(HV)으로부터 태 평가값(THV)를 산출하는 변환식은 다음과 같으며, 태 평가값을 이용한 직물 용도에 따른 평가는 〈표 9-4〉와 같다.

$$\text{THV} = c_0 + \sum_{i=1}^{K} = z_i$$

$$z_i = c_{i1} \left[\frac{y_i + M_{i1}}{\sigma_{i1}} \right] + c_{i2} \left[\frac{y_i^{i2} + M_{i2}}{\sigma_{i2}} \right]$$

y_i: 주요 감각평가값

$M_{i1}, M_{i2}, \sigma_{i1}, \sigma_{i2}$: y와 y^2의 평균, y와 y^2의 표준편차

c_{i1}, c_{i2}: 계

표 9-4
태 평가값
(Total Hand Value, THV)

THV	0	1	2	3	4	5
평가	사용불가	불량	평균 이하	평균	양호	우수

채영주 외(2011)는 천연착색면(NaCOC)의 촉감성을 평가하고자 KES-FB를 이용하여 직물의 태를 산출하였다. 감각평가값(PHV)을 산출한 결과, coyote-brown plain fabric은 KOSHI가, green twill fabric은 NUMERI, FUKURAMI가 가장 높은 값을 보여 평직은 뻣뻣하고 능직은 매끄럽고 부드러운 직물인 것으로 나타났다. 태 평가값(THV)의 결과에 따르면, coyote-brown twill fabric이 3.3점의 최고 점수를 나타내 4종의 천연착색면 시료들 중 여성용 여름 드레스 용도로 사용하기에 가장 적합한 직물인 것으로 밝혀졌다.

2 생리적 측정

직물의 촉감을 객관성과 일관성을 갖는 생리적 반응을 이용하여 측정하고 정량화한다면, 촉감적 감성을 만족시키는 직물의 설계에 더욱 예측성을 높일 수 있을 것이다. 직물의 선호도에 따른 촉감성의 뇌파특성을 사포, 비닐, 종이, 면 그리고 5가지 직물에 대하여 측정한 연구(김기은 외, 1998)에서 선호하는 표면자극과 선호하지 않는 표면자극에 대한 알파파의 상대적 출현량이 유의한 차이를 나타냈으며, 선호하는 자극에 접촉하였을 때 알파파의 출현량이 유의하게 높고, 베타파는 이와 반대되는 경향을 나타내는 것으로 나타났다. 그리고 직물의 거친 촉감은 우반구의 전두엽과 대상피질(cingulate cortex)을 활성화시키고 부드러운 자극을 만질 때는 거친 자극을 만질 때와 비교하여 우반구의 두정엽이 활성화되는 것으로 나타났다.

직물의 선호도에 따른 촉감성의 HRV특성을 살펴보기 위한 연구(손진훈, 1998)에서 저자는 기본 정서 판정과 촉감성(선호도/좋고 나쁨)을 단순 비교하여 평가한 결과, 벨벳을 포함한 6가지 직물을 대상으로 자율신경계 특성을 측정할 때 HRV에 의한 감성 구분이 가능하다고 하였다. 또한 좋은(긍정) 감성을 유발하는 벨벳, 밍크 등에 대한 HRV 상대출현량은 높게, 나쁜(부정) 감성을 유발하는 우피, 갑사 등에 대한 HRV 상대출현량은 낮게 나타나는 것으로 보고하고 있다.

자율신경계 반응지표를 통하여 직물감성을 평가할 경우, 한두 지표를 사용하여 판정하기는 어렵다. 이에 자율신경계 반응지표를 종합적으로 사용하여 감성판정을 위한 형판모델 개발하여 직물 선호도를 평가한 연구(손진훈, 1998)에서는 복합 자율신경계의 반응의 수량화를 통해서 직물감성을 판정하고자 하는 양적(quantitative) 접근방법을 취하였다. 이 연구에서는 측정한 선호 직물(polyester)과 비선호 직물(cotton)을 수동적으로 접촉했을 때와 능동적으로 접촉했을 때의 여러 자율신경계 반응을 종합하여 형판모델을 개발하였는데, 자율신경계를 교감신경계(SNS)와 부교감신경계(PNS)반응으로 나누어 분석하여 보다 명확한 형판모델을 구성한다.

그 결과 능동접촉 선호직물, 수동접촉 비선호직물, 능동접촉-비선호직물의 구분이 가능하였다. 능동적 접촉은 손을 움직여서 직물을 만지기 때문에 골격근 활동에 의한 자율신경계의 영향을 예측할 수 있다. 따라서 직물 촉각에 의하여 경험하는 심리적 감성의 자율신경계 반응에 미치는 순수한 효과를 차폐할 가능성이 높다. 실험 결과, 수동접촉과 능동접촉에 따른 자율신경계의 반응이 반대로 나타났다. 그러므로 실험환경에서 직물에 의하여 유발되는 심리적 감성의 미세한 차이를 예민하게 구분하고자 할 때는 수동적 접촉 방식을 사용하는 것이 바람직하다.

위의 연구(손진훈, 1998)에서 선호직물과 비교하여 비선호 직물은 심박률(Heart Rate, HR)이 높고, 호흡간 심박률 변화(Respiratory Sinus Arrhythmia, RSA, 심박률에 대한 부교감신경계의 통제)가 작다고 보고되고 있다. 또한 비선호 직물은 뇌파의 베타파가 많이 출현하며, 맥박량(pulse volume)의 변화가 적고, 피부전도수준(SCL)이 크며, 호흡률(respiration rate)이 높고, 맥박이동시간(Pulse Transit Time: PTT)이 작다고 보고되었다.

3 햅텍스

최근 전자제품에서 많이 활용되고 있는 햅틱스(haptics)란 그리스어로 '만지는'이라는 뜻의 형용사 'haptesthai'에서 유래한 것으로 가상촉감기술이라고도 한다. 3차원의 가상공간에서 직물의 촉감을 재현시키려는 연구도 시도되고 있으며, 이를 햅텍스(HAPtic sensing of virtual TEXtiles, HAPTEX)라고 한다.

〈그림 9-2〉와 같이 가상공간에서 의류제품의 촉감성을 재현하기 위해서는 피부나 손끝이 직물의 표면과 접촉하였을 때 발생하는 다양한 접촉 반응과 촉감성 그리고 직물의 역학적 특성 사이의 메커니즘 분석이 필요하다. 이를 위해 최근에는 〈그림 9-3〉에 나타난 것과 같이 손끝의 압력, 이동거리, 방향 그리고 면적 등의 정보를 비롯하여 직물이 피부나 손과 접촉할 때의 손의 움직임 등의 정보를 측정하여 이에 따른 물리적 특성들을 파악하여 종합적으로 직물의 촉감성을 평가하려는 시도들이 이루어지고 있다.

햅틱 인터페이스(haptic interface)는 넓은 의미로는 사용자에게 촉감을 전달하는 시스템 전체를 가리키며 근육과 관절의 움직임을 통해 촉감을 느끼는 근감각(kinesthesia)에 관련된 연구와 자극이 피부 표면에 직접 접촉하여 느끼는 질감(tactility)에 관한 영역으로 나눌 수 있다. 햅틱 인터페이스에 대한 연구에서 질감(texture)을 표현하는 연구는 아직도 초보적인 수준에 머무르고 있다. 질감을 표현하기 위한 장치를 가리켜 질감제시장치라고 하는데, 사람은 질감을 다양한 방법으로 지각하게 되므로 질감제시장치의 피부 자극 방법 또한 다양하다. 질감의 경우 근력과 같이 힘이라는 하나의 요소에 의해 정의될 수 없기 때문에, 질감제시 연구에는 신경과학 및 심리학적 연구가 필수적으로 동반되어야 한다.

HAPTEX를 실현하기 위한 연구는 크게 6가지 단계로 이루어진다.

① **직물의 역학적 특성 측정**: KES-FB를 사용하여 직물의 역학적 특성의 데이터베이스를 만든다.

② **분리형 하드웨어 장치 개발**: 촉감 actuator와 force-feedback 장치를 분리하여

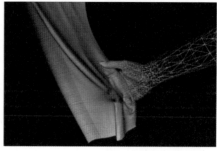

그림 9-2
가상공간에서의
가상 촉감구현

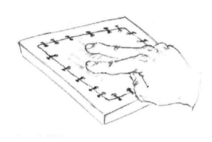

그림 9-3
직물의 촉감성을 발생시키
는 손끝과 손의 움직임

개발한다.

③ 감각의 피드백 시뮬레이션: 하드웨어를 통해 직물의 움직임을 모델링하고 렌더
링하기 위한 물리적 기반기술을 개발한다.

④ 3차원 의류의 시각화: 사실적인 직물 렌더링을 위해 비쥬얼 모델을 개발한다.

⑤ 복합감각 신호의 동기화(synchronization): 일관되고 물리적인 사실적 경험을 만
들기 위해서 복합감각 피드백(햅틱과 촉감)과 통합한다.

⑥ 최종검증: 효과적인 framework에서 다양한 요소를 통합한다.

10장

의류의
청감성
디자인

학습목표

1. 직물 소리의 객관적 측정방법에 대해 학습한다.

2. 직물 소리의 특성과 감성평가방법에 대해서 학습한다.

3. 직물 소리와 인체의 심리·생리적 특성과의 관계를 학습한다.

4. 직물 소리의 쾌적음 구현, 소음 및 불쾌음 제거, 무소음 지향을 목적으로 하는 청감성 만족 의류 개발에 대해 학습한다.

의류산업에서는 그 동안 의류제품의 감성적 측면과 관련하여 주로 촉감이나 시감에 관한 측면에만 초점을 맞추어 왔을 뿐, 의류의 소재에서 제품까지의 청감성 측면은 고려하지 않았다. 하지만 투습방수 소재가 보편화됨에 따라 시끄러운 소음을 내는 등산복이나 스키복을 많은 사람들에게 입게 되고, 이 소음이 의류 구매자의 구매 의사 결정에 중요한 요소로 자리잡게 됨으로써 의류의 청감 디자인이 관심을 받게 되었다.

의류의 청감 디자인에 관한 초기의 연구는 주로 스펙트럼 비교 분석을 통한 정성적 분석에 국한되었을 뿐, 소리의 정량적 분석은 이루어지지 않았다. 감성 디자인은 정량화된 물리량을 토대로 하기 때문에, 청감 디자인을 위해서는 소리의 객관적 측정이 필수적이다. 이러한 필요성을 고려하여 1999년 연세대학교 감성의류개발연구소에서는 세계에서 처음으로 소리의 정량화를 추진하였다.

청감성 의류를 위한 연구 개발의 목적은 심리음향학 및 청감에 대한 감성과학적 접근과 분석을 바탕으로 착용자와 주변 사람의 청감을 만족시키고, 의류 소리가 방해 요소가 되지 않게 하는 데 있다. 따라서 본 장에서는 직물 소리에 대한 심리생리적 반응 메커니즘을 이해하고, 청감성 의류 개발을 위한 방안을 알아보고자 한다.

직물 소리의 객관적 측정 1

직물 소리는 2개의 직물을 서로 마찰시킬 때 발생하는 소리를 말한다. 이것은 그 용도와 상황에 따라 착용자에게 쾌감 또는 불쾌감을 주기 때문에 의류의 생리·심리학적 쾌적성을 결정하는 데 큰 역할을 하는 요소라고 할 수 있다. 이를 객관적으로 측정하기 위한 방법과 변수에 대해 알아본다.

1) 직물 소리의 녹음

직물 소리의 객관적 측정을 위해서는 일단 직물이 서로 스치며 내는 소리를 녹음하여야 한다. 이를 위해 직물 마찰음 측정장치(특허 No. 2001-73360, Nov. 23, 2001)가 개발되었고, 그 초기 모델은 〈그림 10-1〉과 같다. 이 측정 장치는 1998년에 처음 만들어진 직물 마찰음 측정 장치(실용신안)를 발전시킨 것으로, 마찰 속도는 양쪽에 달려 있는 추의 무게로 조절이 되며 마찰은 한 방향(one-way)으로 일어난다. 두 시료가 스치는 지점으로부터 1.5cm 떨어진 지점에 고성능 마이크로폰(Type 4190, B&K)을 설치하여 DAT 데이터 레코더(DAT data recorder, TEAC RD-145T)로 직물 소리를 녹음한다. 마찰음의 녹음은 무향실(anechoic chamber)에서 실시하고, 녹음된 마찰음 데이터는 DAT 데이터 레코더와 연결된 컴퓨터에 저장되며, 사운드 퀄리티 시스템(Sound quality system Type 7698, B&K)에 의해 분석된다.

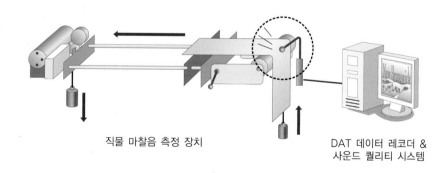

직물 마찰음 측정 장치

DAT 데이터 레코더 &
사운드 퀄리티 시스템

그림 10-1
직물 마찰음 측정 장치
(1세대: 한 방향)

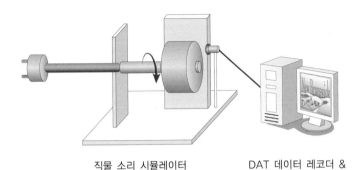

그림 10-2
직물 소리 시뮬레이터
(2세대: 양방향)

직물 소리 시뮬레이터

DAT 데이터 레코더 &
사운드 퀄리티 시스템

사람이 옷을 입고 움직이는 경우 대부분 앞뒤로 마찰이 일어난다. 그러나 이 장치는 한 방향 마찰만 구현이 가능하다는 한계점이 있다. 또한 추가 낙하하면서 가속도가 붙어 일정 속도를 유지하는 데 어려움이 있다.

이러한 문제점을 보완한 직물 소리 시뮬레이터(특허 No. 10-0539368-0000, Dec. 21, 2005)는 앞뒤 양방향(back-and-forth two-way) 마찰이 가능하도록 만든 왕복 마찰음 발생장치이다. 이 장치의 마찰 속도는 모터를 구동하여 일정하게 조절이 가능하도록 고안되었다(그림 10-2). 모터에서 발생하는 소음의 영향을 받지 않도록 직물 마찰음이 발생되는 부분은 무향실 내부에 두고, 이 장치와 연결된 마찰속도 제어 모터는 무향실 외부에 설치한다. 마찰음의 녹음과 분석은 초기 모델과 동일하다.

이 기기는 모터를 사용하기 때문에 초기 모델에 비해 마찰 속도를 일정하게 제어하고 사람의 움직임을 고려한 소리를 시뮬레이션할 수 있다. 하지만, 의류 착용 시 의류의 주요 마찰부위인 팔과 몸통은 인체가 움직일 때 '앞 → 뒤, 뒤 → 앞'으로 마찰이 일어나며 앞과 뒤의 마찰 속도가 다른데, 이 기기는 이러한 속도의 차이를 반영하지 못하고 있다.

이 문제를 보완하여 최종적으로 개발한 직물 마찰음 시뮬레이터(그림 10-3, 출원 No. 10-2008-0105524, Oct. 27, 2008)는 양방향 마찰이 가능할 뿐 아니라, 직물 마찰음 시뮬레이터 소프트웨어 프로그램(출원 No. 10-2008-0114842, NOV. 18, 2008)을 사용하여 마찰 속도와 마찰 시간의 상세 조절이 가능하다. 마찰 속도

동영상이 제공되는 청각적 감성평가 시스템

	방향	Walking	Jogging	Running
마찰속도 (m/s)	앞→뒤	0.64	0.99	1.71
	뒤→앞	0.62	1.21	2.25
마찰구간시간 (sec)	앞→뒤	0.19	0.12	0.07
	뒤→앞	0.19	0.1	0.05
비마찰구간시간 (sec)	앞→뒤	0.19	0.115	0.13
	뒤→앞	0.22	0.125	0.135

직물 마찰음 시뮬레이터
소프트웨어 프로그램

DAT 데이터 레코더 &
사운드 퀄리티 시스템

직물 마찰음 시뮬레이터

그림 10-3
직물 마찰음 시뮬레이터와
감성평가 시스템
(3세대: 직물 상태)

를 제어하는 프로그램에 동작 분석을 통해 설정된 마찰 속도 값을 입력한 후, 이 프로그램이 설치되어 있는 컴퓨터와 연결된 직물 소리 발생장치를 구동시켜 직물 마찰음을 정해진 속도와 시간대로 발생시키는 것이다.

직물의 마찰음은 시뮬레이터의 원통형 부분에 직물을 고정시키고 이와 맞닿는 사각평면 부분에 동일직물을 서로 앞면끼리 마주보도록 고정시킨 후 원통형 부분을 회전시켜 발생시킨다. 마찰된 소리의 녹음과 분석은 기존의 방법과 동일하다. 이 기기를 이용해 좀 더 간편하면서도 재현성 있게 걷기(walking), 빠르게 걷기(jogging), 달리기(running)와 같은 동작 속도로 마찰 속도를 제어하고 그 때의 마찰 소리를 녹음할 수 있다. 녹음된 마찰음은 동영상과 직물의 마찰음이 동시에 제공되는 감성평가 시스템을 사용하여 감성평가 자료로 활용된다.

그러나 3세대 측정장치는 사람의 팔 동작만을 모사하여 직물 마찰 시 가장 넓은 면적을 차지하는 다리 동작의 마찰은 구현하지 못하며, 마찰이 발생되는 면적도 실제 인체의 면적과는 큰 차이가 있다는 문제점이 제기되었다. 또한 3세대 측정장치에 사용된 모터는 양방향으로 회전하며, 회전 방향이 바뀔 때 불필요한 소음이 발생하여 직물 본연의 마찰음에 모터의 소음이 노이즈로 들어가는 단점이 있다.

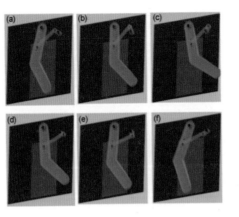

그림 10-4
신체 동작을 모사한
직물 마찰음 발생장치
(4세대: 의복 상태)

이로 인해 모터부와 마찰부를 별도로 분리 제작하여 소음이 나는 모터부를 실험실 밖에 두어야 하는 불편함이 있다.

이를 보완하기 위하여 운동 시의 신체 동작을 모사한 의복 마찰음 구현 장치(그림 10-4, 특허, No. 1020120045225, Feb. 6, 2014)는 의복 착용자의 보행 시 팔과 몸통, 다리와 다리 사이에 발생하는 직물간의 마찰음을 객관적이고 재현성 있게 구현함으로써 직물 마찰음을 측정하게 하였다. 이 장치의 구성과 원리를 살펴보면, 모터부, 의복 착용자의 움직임을 모사하는 팔 운동 세트 및 다리 운동 세트, 마찰에 의해 생성된 팔과 몸통 사이의 마찰음을 검출하는 마이크로폰, 마이크로폰으로부터 수신한 팔과 몸통 사이의 마찰음을 디지털 신호로 변환하는 연산 처리부 등 총 4부로 구성되어 있다.

이 장치의 팔 운동 세트와 다리 운동 세트는 대한민국 성인 남성의 평균 팔과 다리 크기로 제작되었으며, 두 종류의 운동 세트를 교체해가며 사용가능하기 때문에, 목적에 따라 보다 실제와 가까운 직물 마찰음을 발생할 수 있다. 또한 4절 링크를 이용한 모터의 설계를 통하여 모터는 한 방향으로 회전하지만, 실제 직물의 마찰은 양방향으로 일어나므로 모터가 양방향으로 회전할 때 발생하였던 소음을 최소화하였다. 팔 운동 세트는 어깨에서 손목까지를 모사한 형태로, 사람이 의복을 착용하고 걷거나 움직일 때에 팔꿈치가 구부러져있다는 점을 고려하였다. 따라서 팔 세트의 상판은 상박과 하박 사이에 일정한 각도로 꺾을 수 있는 관절을 가지는데, 각도는 0 ~ 100° 범위 내에서 10° 단위로 조작되며, 각도 조절 후 직물이 장착된다. 또한 상판과 하판에는 부드러운 실리콘이 부착되어 있어, 실제 피부의 촉감을 재현하도록 하였다. 다리 운동 세트는 양 넓적다리의 마찰운동을 재현하며, 실제 실험 시에는 하판은 고정된 채 상판만 움직이며 마찰음을 발생시킨다. 상대속도의 원리에 따라 상판의 운동 속도를 앞 → 뒤, 뒤 → 앞 속도의 합으로 설정하여 실제와 같은 마찰 속도를 지니도록 하였다. 다리 운동 세트 또한 상, 하판 모두 상판과 같은 부드러운 실리콘이 부착되었다. 이와 같이 구성된 운동 세트에 직물을 장착하고, 원하는 마찰속도를 입력한 후 장치를 작동시키면, 운동 세트의 상판과 하판의 마찰에 의해 직물 마찰음이 발생한다. 4세대 직물 마찰음 발생장치는 4절 링크를 활용한 모터의 작동원리에 따라 모터에 의한 불필요한 소음이 적고, 의복 착용자의 상황과 조건에 따른 직물 마찰을 재현하는 데 적합하다.

2) FFT 분석

FFT(Fast Fourier Transform) 분석은 DAT 데이터 레코더로 녹음한 직물 마찰음을 사운드 퀄리티 시스템을 사용하여 분석하는 것으로, 주파수에 따른 음압의 변화

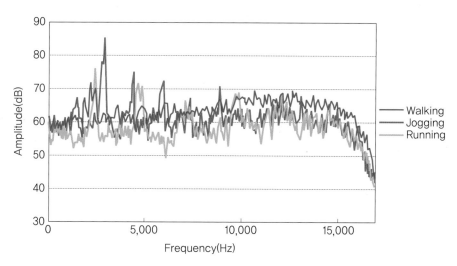

그림 10-5
나일론 직물 소리의
FFT 분석 스펙트럼

를 표시하는 방법이다. 직물의 소리는 시간 변화에 따른 영향이 작으므로 일반적
으로 직물소리 분석에 FFT 분석법이 사용된다.

　FFT 분석은 일정 주파수 범위에서 신호의 에너지가 어느 주파수 대역에 얼마나
분포되어 있는지를 한눈에 볼 수 있도록 주파수를 x축으로 하고, 음압을 y축으로
하는 스펙트럼으로 제시하는 것이다. 〈그림 10-5〉는 나일론 투습발수 직물의 걷
기, 빠르게 걷기, 달리기 때의 소음을 FFT 분석한 것이다. 이 커브들에서 최고 음
압, 최저 음압, 그리고 커브의 모양 관찰을 통해 음색을 비교할 수 있다.

3) 직물 소리의 3요소 측정

직물 소리의 3요소는 음압(sound pressure), 주파수(frequency), 음색(sound
color)이다. 음압은 총음압으로 하고, 주파수는 최고, 최저 음압에서의 주파수로
정량화 할 수 있으나 음색은 정량화된 바가 없었다. 음색은 음압과 주파수가 동일
한 경우 소리의 컬러를 구별지어 주는 것이다. 다시 말해, 동일한 음압과 주파수
로 말한 두 사람의 목소리를 구별짓게 해주는 단서가 음색이고, 두 사람의 음색이
다르기 때문에 구별이 가능한 것이다.

　총음압(Sound Pressure Level, SPL)은 음이 전해졌을 때 매질 내 압력 변화의 크
기를 표시하는 방법으로, 기준 음압에 대한 비율을 데시벨(decibel, dB)로 나타낸
값이다. 총음압을 구함으로써 직물 소리의 객관적 크기를 비교할 수 있다. 총음압
은 다음과 같은 식에 의하여 계산된다.

$$SPL(\text{dB}) = 10\log 10^{\frac{BL_1}{10} + \cdots + \frac{BL_n}{10}}$$

BL은 각 주파수에서의 광대역 소리수준

　음색의 정량화는 소리 스펙트럼의 모양을 수치화하려는 시도를 통해, 조길수
등에 의해 음압차(level range, ΔL), 주파수차(frequency difference, Δf)의 두 변

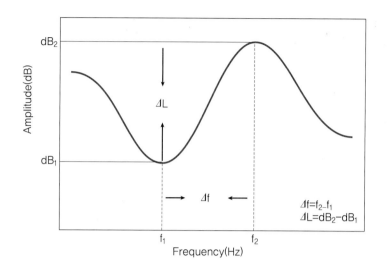

그림 10-6
음색 결정 요인인
$\mathit{\Delta}$L과 $\mathit{\Delta}$f

인이 고안되었다. 음압차($\mathit{\Delta L}$)와 주파수차($\mathit{\Delta f}$)는 〈그림 10-6〉의 그래프로 설명할 수 있다. 음압차는 스펙트럼 전체 파형에서 최고 음압과 최저 음압 간의 차이를 의미하고, 주파수차는 최고 음압과 최저 음압에 해당하는 두 주파수 간의 차이를 의미한다.

4) 실시간 주파수 분석

실시간 주파수 분석은 DAT 데이터 레코더로 녹음한 직물 마찰음을 실시한 스펙트럼 분석기(Real-time Spectrum Analyzer, Larson Davis model 3200)를 사용하여 분석하는 것으로, 실시간으로 주파수의 변화가 표시되는 방법이다. FFT 분석에서는 주파수를 x축, 음압을 y축으로 하여 주파수 대역별 신호의 에너지 분포를 살펴본 반면, 실시간 분석에서는 시간을 x축, 주파수를 y축으로 하여 연속적인 시간의 흐름에 따른 주파수 분포를 살펴보는 것이다.

실시간 주파수 분석에는 주파수를 옥타브 대역으로 분할하여 각 대역별 물리량을 측정하는 옥타브 대역 분석 방법이 주로 사용된다. 옥타브 대역은 소음의 연구에 사용되는 통상적인 연속 대역으로써, 각 대역의 최고 주파수는 최저 주파수의

표 10-1
1/3 옥타브 밴드를
이용한 주파수 분석

Center frequency(fc)	1/3 Octave passband	1/1 Octave passband
16	14.1〜17.8	
20	17.8〜22.4	11.2〜22.4
25	22.4〜28.2	
31.5	28.2〜35.5	
40	35.5〜44.7	22.4〜44.7
50	44.7〜56.2	

2배이다. 옥타브 대역 분석의 동기는 주파수에 대한 사람의 인식 정도가 상대적인 점에 근거한다.

〈표 10-1〉은 1/1 옥타브 밴드와 1/3 옥타브 밴드의 중심 주파수와 한계 주파수를 비교한 것으로, 1/3 옥타브 밴드는 1/1 옥타브 밴드의 대역을 3개로 나눈 것을 의미한다. 따라서 1/3 옥타브 밴드는 소리의 주파수 성분을 더욱 자세하게 나타내는 장점이 있다.

FFT 분석에서는 주파수 대역이 동일 간격으로 나뉘고 1/3 옥타브 대역에서는 비례적으로 나뉜다. 따라서 FFT 분석은 고주파 대역의 해상도가 좋은 반면, 1/3 옥타브 대역 분석은 인간의 귀가 가장 민감한 4kHz 이하 대역의 해상도가 좋아 다양한 환경 소음 및 건물 소음 측정 및 통제, 기기 및 제품 테스트, 보청기 연구 분야 등에 널리 활용되고 있다.

2 직물 소리에 대한 감성평가

직물 소리에 대한 감성은 쯔비커(Zwicker)의 심리음향학적 변수들을 통해서 알아보거나 심리생리학적 반응 평가를 통해서 파악할 수 있다. 이러한 감성평가 결과를 직물에 반영하기 위해서는 직물의 역학적 특성과 기본 특성이 직물의 감성평가 결과와 어떤 상관관계가 있는지를 파악할 필요가 있다.

1) 직물 소리의 심리음향학적 특성

쓰비커는 음향의 주관적 감각을 고려하여 음향스펙트럼을 기초로 심리음향학적 모델인 소리의 크기, 날카로움, 거칠기, 그리고 변동강도를 고안하였다.

심리음향학적 크기(Loudness, Z)는 소리의 감각적인 크기를 의미하며, 총음압이 40dB이고 주파수가 1kHz인 순음을 정상적인 사람이 들었을 때의 감각적인 크기를 1sone으로 정의한다. 심리음향학적 날카로움(Sharpness, Z)은 소리의 날카로운 정도를 의미하며, 소리 성분이 주로 고주파수 대역에 존재할 경우 그렇지 않은 소리에 비해 날카로운 느낌을 받게 된다. 총음압이 60dB이고 주파수가 1kHz인 순음의 날카로움을 1acum으로 정의한다. 심리음향학적 거칠기(Roughness, Z)는 소리의 거칠고 탁한 정도를 의미하며, 소음의 변조 주파수가 20Hz 미만에서는 각각의 음의 크기 변화를 느낄 수 있으나, 소음의 변조 주파수가 20Hz에서 300Hz 사이의 값을 가지면 음의 크기에 따른 변화를 느끼지 못하고 전체적으로 거친 느낌을 갖는다. 60dB, 1kHz인 순음을 변조 주파수 70Hz로 진폭 변조를 한 소리의 거칠기를 1asper로 정의한다. 마지막으로 변동강도(Fluctuation Strength, Z)는 어떤 소리의 스펙트럼 띠가 주기적으로 변화할 때 사람이 느끼는 소리의 떨림이나 요동의 현상을 의미한다. 60dB, 1kHz인 순음이 변조 주파수 4Hz로 변조될 때의 변동강도를 1vacil로 정의한다.

표 10-2
견직물의 쓰비커 변수 값

Specimens	Loudness(Z) (sone)	Sharpness(Z) (asper)	Roughness(Z) (acum)	Fluctuation strength(Z) (vacil)
진주사	2.8	3.38	0.42	1.72
공단	0.7	3.14	0.18	0.32
뉴똥	0.71	2.79	0.18	0.30
노방주	7.78	3.61	0.88	3.40
명주	3.34	2.7	0.97	2.84
산퉁	2.73	2.86	0.51	1.85

이러한 쯔비커의 네 변수는 직물 소리의 심리음향학적 감성을 정량적으로 나타내며, 이를 분석함으로써 직물 소리에 대한 사람의 반응을 알아볼 수 있다. 쯔비커의 변수들은 사운드 퀄리티 시스템으로 구할 수 있다. 〈표 10-2〉는 사운드 퀄리티 시스템으로 구한 견직물의 쯔비커 변수들의 값을 나타낸다. 이 표는 견직물의 마찰음 중 노방주의 마찰음이 가장 시끄럽고, 날카로우며, 변동이 심한 것으로 느껴지는 것을 나타낸다.

(1) 직물 소리와 직물의 역학적 특성과의 관계

직물의 소리 특성에 영향을 미치는 역학적 특성을 알아 내고, 이를 토대로 역학적 특성들을 조절하면 착용자가 원하는 직물 소리 구현이 가능하다. 직물의 소리 특성과 역학적 특성과의 관계를 고찰함으로써 직물 소리 디자인을 하고자 하는 연구들이 많이 이루어졌다.

① 직물 소리 3요소와의 관계

직물 소리의 3요소와 역학적 특성인 가와바타(Kawabata)의 17가지 파라미터와의 관계를 살펴보면 다음과 같다. 인장 선형성(LT)이 크며 바이어스 방향으로의 변형(G)이 어렵고 그 회복성이 작은 직물일수록 마찰 시 저항력이 커져 직물 마찰음의 크기가 증가한다. 특히, 이들 역학적 특성 중 전단이력(2HG)은 직물의 마찰음과 상관도가 높다.

한국 전통 견직물을 대상으로 한 연구에서는 총음압과 음압차(ΔL)는 표면거칠기(SMD)와 압축회복성(RC)와 정적 관계를 보여 표면의 요철 정도가 크고 압축 후 회복성이 클수록 전통 견직물의 왕복마찰음의 총음압과 음압차가 커지는 것으로 나타났다. 주파수차(Δf)의 경우 압축회복성(RC)과 굽힘이력(2HB)에 의해 예측되며 압축회복성과는 정적, 굽힘이력과는 부적 관계를 보여 압축 후 회복성이 크고 굽힘이력이 작을수록 주파수차가 커지는 것으로 나타났다(표 10-3).

슈트용 직물을 대상으로 한 연구에서는 총음압이 인장 선형성(LT)에 의해 가장

표 10-3
한국 전통 견직물의 소리
특성과 역학적 특성 간의
선형 회귀식

소리특성	회귀식	결정계수(R^2)
총음압	Y=2.52 SMD+0.30 RC+11.69	.08
음압차	Y=1.83 SMD+0.20 RC+7.45	.64
주파수차	Y=498.98 RC−154309.70 2HB−36254.21	.60

잘 설명되는 것으로 나타나, 직물의 인장 변형이 용이할수록 직물 소리의 전체적
인 크기가 커짐을 알 수 있다. 폴리에스테르와 나일론 직물에 가공 방법을 다르게
한 13종의 투습발수 직물을 대상으로 한 연구에서는, 총음압은 압축 에너지(WC),
두께(T), 무게(W)와 상관관계가 높으며, 음압차(ΔL)는 압축 선형성(RT), 압축 회
복성(RC), 표면 마찰계수(MIU)와, 주파수차(Δf)는 압축 에너지(WC), 두께(T), 무
게(W), 인장 선형성(LT)과 높은 상관관계를 나타냈다.

② 직물 소리의 심리음향학적 특성과의 관계

직물 소리의 심리음향학적 특성과 역학적 특성간의 관계를 살펴보면, 견직물, 폴
리에스테르, 나일론, 아세테이트/폴리에스테르 직물 소리의 심리음향학적 크기는
굽힘이력(2HB)과 정적인 상관관계를 나타내어, 직물이 구부러진 상태에서 원래
대로 회복되는데 드는 힘이 클수록 소리가 크게 느껴진다. 또한 전단이력(2HG)과
도 정적 관련을 가져, 전단 방향으로 변형된 상태에서 다시 회복되는데 드는 힘이
클수록 소리를 크게 인지한다. 심리음향학적 날카로움은 인장 에너지(WT)와 정
적 상관 관계를 가져 인장에 의한 변형이 용이한 직물일수록 마찰 소리의 날카로
움이 증가하는 경향을 보이고, 표면 거칠기(SMD)와도 정적 관계를 가져 표면이
불균일하고 입체적인 요철이 심한 직물일수록 날카로운 소리로 인지된다. 소음
감소를 위한 스포츠웨어용 투습발수 직물의 소리 연구에서는 표면 거칠기(SMD)
가 크고 두꺼운 직물일수록 시끄럽고, 무거운 직물일수록 날카로운 소리를 내며,
전단 이력(2GH)이 클수록 거친 소리를 낸다.

스포츠웨어용 나일론과 폴리에스테르 직물을 0.2m/s와 0.5m/s의 마찰 속도로
마찰음을 발생시켜 역학적 특성과 심리음향학적 소리 특성의 관계를 살펴보면,

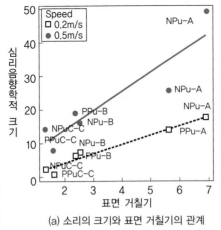

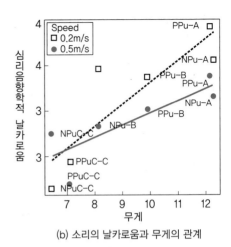

그림 10-7
소리의 심리음향학적
크기와 표면 거칠기,
날카로움과 무게의 관계

(a) 소리의 크기와 표면 거칠기의 관계   (b) 소리의 날카로움과 무게의 관계

직물의 표면 거칠기와 무게가 증가할수록 심리음향학적 크기와 날카로움이 증가하는 것을 알 수 있다(그림 10-7). 따라서, 투습발수 직물의 소음을 줄이기 위해서는 표면 거칠기가 작은 투습발수 가공 방법을 고안해야 한다.

그 동안의 직물 소리 연구는 주로 이런 마찰 소음을 감소시키기 위한 방안이 모색되었다. 하지만 태권도 도복 직물의 경우에는 이와는 반대로 직물 마찰음의 최대화가 요구된다. 태권도 도복 직물의 심리음향학적 특성과 역학적 특성 간의 관계를 살펴보면 〈표 10-4〉와 같다. 심리음향학적 소리크기는 굽힘이력(2HB), 무게(W)와는 부적 상관관계를, 압축 에너지(WC)와는 정적 상관관계를 보였다. 즉, 푹신하고 물리적 변형에 따른 회복이 어려우며 무게가 가벼울수록 심리적으로는 시끄럽게 인지되는 것으로 나타났다. 심리음향학적 날카로움의 경우 신장성(EM), 인장에너지(WT), 전단이력(2HG)과는 정적 상관을 무게(W)와는 부적 상관을 나타냈다. 이는 잘 늘어나고 부피가 크며 전단 변형에 따른 회복이 어렵고 무게가 가벼운 직물일수록 소리의 날카로움을 증가하는 것을 의미한다. 심리음향학적 거칠기는 직물의 물성 중 압축 에너지(WC)와 유의한 관계를 보여, 푹신하며 부피가 클수록 소리가 거칠게 인지되는 것으로 나타났다. 한편 변동강도는 직물의 역학적 특성과 어떠한 유의한 상관성을 보이지 않았다. 따라서, 태권도 수련 시 태권도 동작의 효과를 극대화할 수 있도록 태권도 도복 직물의 소리를 최대화

	심리음향학적 크기	심리음향학적 날카로움	심리음향학적 거칠기	변동강도
EM	.79	.92**	.47	.09
WT	.77	.92**	.40	.04
2HB	−.85*	−.76	−.63	.52
2HG	.63	.83*	.20	−.21
WC	.82*	.71	.94**	−.03
W	−.86*	−.85*	−.51	.41

표 10-4
태권도 도복 직물의
심리음향학적 소리특성과
역학적 특성 간의 상관관계

* p<.05, **p<.01

하기 위해서는 신장성(EM)과 압축 에너지(WC)를 높이고, 무게(W)를 낮춰야 할
것으로 요구된다.

③ 직물 소리에 대한 심리적 평가치와의 관계

직물의 역학적 특성이 직물 소리에 대한 심리적인 평가에 미치는 영향을 살펴보
면, 직물 소리는 직물의 굽힘 특성과 인장 특성에 의해 가장 큰 영향을 받는다. 블
라우스용 직물에서 '부드러움'은 인장회복성(RT)과, '맑음'은 굽힘강성(B)과 부적
관계를 보이므로 인장회복성(RT)과 굽힘강성(B)이 낮은 유연한 직물일수록 직물
의 소리가 부드럽고 맑다.

'유쾌함'은 최대 하중 시의 인장성(EM)이 정적인 영향을 미치는 설명 변인으로
인장성(EM)이 증가할수록 직물의 소리가 유쾌하게 인지된다. 또, 유쾌함은 총음압
과 부적인 관계를 보여, 총음압이 증가할수록 직물의 소리가 불쾌하게 인지된다.
유쾌하지도 불쾌하지도 않은 총음압의 역치는 50dB인 것으로 나타나 직물 소리가
불쾌함을 유발하지 않기 위해서는 최대한 50dB을 넘지 않아야 함을 알 수 있다.

슈트용 모직물 23종을 시료로 하여 마찰음에 대한 주관적 반응을 예측하는 역
학적 특성을 살펴보면, 인장, 표면, 전단 특성이 관련이 있다. 전단특성(G, 2HG,
2HG5)은 '맑음'과 '유쾌함'에 대한 예측력이 우수한 파라미터로써 전단강성이 클

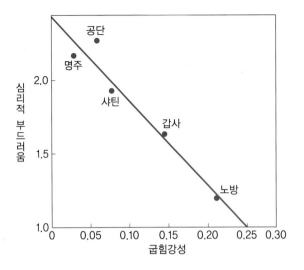

그림 10-8
굽힘강성과 직물 소리의
부드러움과의 관계

수록 더 유쾌하고 맑은 소리로 인지된다.

기분 좋은 소리를 내는 실크 직물의 소리는 굽힘강성(B)과 인장 회복성(RT)이 낮은 유연한 직물일수록 맑고 부드러운 소리를 내고, 신장성(EM)이 클수록 유쾌한 소리를 낸다. 〈그림 10-8〉은 우리나라 전통 견직물인 공단, 명주, 노방, 갑사의 굽힘강성(B)과 소리의 심리적 부드러움과의 관계를 나타낸 그래프이다. 여기에서 한국 전통 견직물의 굽힘강성(B)이 클수록 소리에 대해 심리적으로 느끼는 부드러움은 감소하는 것을 알 수 있다. 또한 공단과 명주의 소리는 부드럽고, 갑사와 노방의 소리는 굽힘강성(B)이 커서 부드럽지 않게 느끼는 것을 알 수 있다.

3 직물 소리와 인체의 심리·생리적 특성과의 관계

외부 자극에 대한 인체 생리 반응은 대체로 자율신경계 반응으로 의도적으로 반응을 바꿀 수 없기 때문에 객관적이며 일관성이 있다. 따라서, 외부 자극에 대한 감성 변화 시 발생되는 생리적 변화인 뇌파, 근전도, 피부전기반응, 맥박, 호흡률, 심박수, 혈류량 등은 감성의 객관적 평가를 가능하게 한다(4부 2장 참조). 이들 중

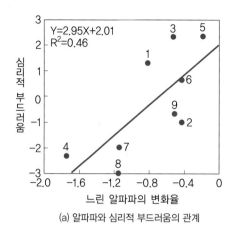

(a) 알파파와 심리적 부드러움의 관계

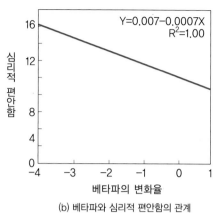

(b) 베타파와 심리적 편안함의 관계

그림 10-9
소리에 대한 뇌파, 혈류량
과 심리적 평가의 관계

뇌파의 경우, 쾌음 청취 시에는 불쾌음 청취 시보다 긴장이 이완되고 심리적인 편안함으로 인해 느린 알파파(slow alpha wave)가 증가하고, 반대의 경우에는 빠른 알파파(fast alpha wave)가 증가한다. 그리고 쾌음에 대해서는 자율신경계 반응 중 혈류량은 증가하고, 불쾌음에 대해서는 심박변동률 지표인 LF/HF나 피부전도수준이 증가한다. 이러한 인간의 감성에 대한 생리적 접근 방법을 의류와 직물에 적용함으로써, 소비자의 총체적 감성을 충족시켜주는 감성 의류의 설계가 가능하다.

소리에 대한 생리학적 특성으로부터 직물 소리에 대한 감성을 예측한 결과, 쾌음 청취 시에 불쾌음 청취 시보다 긴장이 이완되고 심리적인 편안함으로 인해 느린 알파파가 증가하고 이로 인해 심리적 부드러움이 증가한다(그림 10-9(a)). 또한 베타파가 증가할수록 심리적 편안함이 감소하는 것을 알 수 있다(그림 10-9(b)). 혈류량을 증가시키는 소리일수록 유쾌한 소리임을 예측할 수 있다(그림 10-10).

직물 소리에 대한 청각적 쾌적감을 유발하기 위해서는 느린 알파파가 증가하고 느린 베타파(slow beta wave)와 LF/HF, SCL은 감소하도록 굽힘이력(2HB)과 전단 강성(G) 및 무게(W)를 감소시키고, 압축 회복성(RC)과 표면 마찰계수(MIU)를 증가시켜야 한다.

생리신호 분석을 통한 견직물의 마찰음을 평가한 연구에서 직물이 유발하는 마

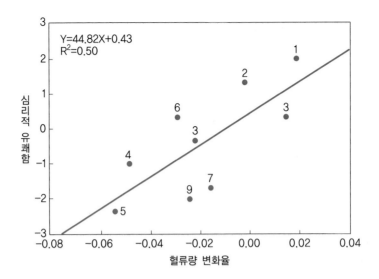

그림 10-10
혈류량과 심리적
유쾌함의 관계

찰음에 대한 뇌파와 자율신경계의 반응을 살펴보면, 직물이 두껍고 인장 에너지 (WT)가 작을수록 마찰음의 크기가 증가하는 것을 알 수 있다. 또한 두께(T)가 얇고 인장 에너지(WT)가 증가할수록 그 마찰음에 의해 교감신경계의 활동이 감소하면서 정서적 각성 상태가 완화되는 것을 볼 수 있다.

4 청감성 직물 디자인

최근 의류 소재의 쾌적성을 만족시키기 위해 요구되는 다양한 속성 가운데 의류 착용 시 동작에 의해 발생하는 마찰음이 무시할 수 없는 소음으로 인식되면서 소음을 감소시키거나 유쾌음을 부여하는 고부가가치 청감성 의류제품을 개발하려는 연구가 시도되고 있다. 청감성 의류 소재는 쾌적한 음색의 소리를 신소재에 발현시킴으로써 사용자에게 심리적 안정과 긍정적 감성을 부여하거나 소음이 심한 직물의 음압을 낮춤으로써 사용자나 주변 사람에게 영향을 미치는 불쾌감을 줄일 수 있다.

청감성 만족 의류 개발을 위한 연구는 쾌적음 구현, 소음 및 불쾌음 제거, 무소

음 지향과 같이 크게 세 부분으로 이루어지고 있다. 각각에 대한 연구들을 통해
청감 디자인 방안을 살펴보면 다음과 같다.

1) 기분 좋은 소리 구현을 위한 청감 디자인

기분 좋은 소리 구현(resembling pleasant sound)을 위하여 견섬유와 같이 쾌한
청각적 감성을 자극하는 직물의 소리를 연구하여 청각적 쾌적감을 줄 수 있는 합
성 섬유 개발에 활용할 수 있다. 견섬유의 스치는 소리는 고대 중국에서 오락과
휴식의 수단으로 삼았을 만큼 인간의 쾌한 감성을 자극하는 대표적인 소리라고

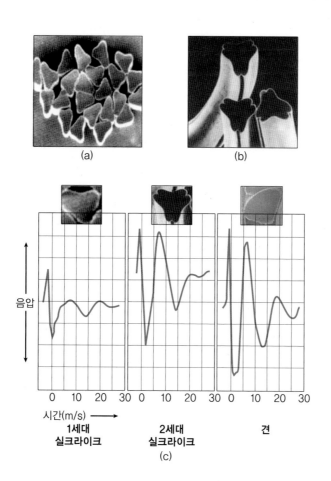

그림 10-11
실크라이크 폴리에스테르
의 단면(a, b)과 견직물과
의 소리 비교 평가(c)

할 수 있다.

일본의 Toray사에서는 폴리에스테르를 알칼리 감량가공함으로써 실크와 거의 같은 광택과 염색성 등을 가지는 실크라이크 소재인 스쿠루핑 폴리에스테르 (Scrooping polyester, 그림 10-11(a))를 개발하여 전문가들도 외관을 구분하지 못하는 직물을 개발하였으나 천연 견직물의 견명(scrooping sound)만은 구현하지 못했다. 이에 폴리에스테르의 삼각 단면에 슬릿을 주어서 끝을 절개하여 꽃잎 모양의 특이한 삼각 단면 구조를 만들어 견명도 실크라이크 소재에 구현하였다(그림 10-11(b)). 또 다른 방법으로 섬유의 길이 방향으로 마이크로그루브 (microgroove)를 형성하여, 이것이 인접한 섬유와 마찰할 때 소리 굽쇠(tuning fork) 역할을 하게 하여 견명을 구현할 수 있다. 마이크로그루브의 크기는 더 작으면 소리가 잘 나지 않고, 더 크면 직물이 지나치게 거칠어진다. 이처럼 실크의 기분 좋은 소리를 구현하기 위해서는 무엇보다 섬유 고분자의 단면의 모양에 슬릿을 주어 꽃잎 모양의 삼각 단면으로 하되, 섬유의 길이 방향으로는 마이크로그루브를 생성시켜 소리 굽쇠 역할을 하게 하는 것이 필요하다.

〈표 10-4〉는 기분 좋은 직물 소리 구현을 위하여 조절 가능한 역학적 특성을 정리한 것이다. 인장성(EM)과 전단강성(G)을 좋게 하면 유쾌한 직물 소리 구현이 가능하고, 인장회복성(RT)과 굽힘강성(B)을 낮게 하면 부드러운 직물 소리 구현이 가능하다. 그리고 전단강성(G)을 증가시키고, 굽힘강성(B)을 감소시킨다면 맑게 느껴지는 직물 소리를 구현할 수 있다.

표 10-4
기분 좋은 심리적 감성과
직물의 역학적 특성과의
관계

심리적 감성	역학적 특성
유쾌함	EM(+), G(+)
부드러움	RT(−), B(−)
맑음	G(+), B(−)

(+) 정적 관계, (−) 부적 관계

2) 시끄러운 직물의 소음 감소를 위한 청감 디자인

소음이 심해 불쾌한 감성을 유발하는 직물들에 대해서 그 소음 감소와 불쾌음 제거를 위한 방안이 무엇보다 중요한데, 이는 스포츠웨어용 직물에서 가장 많이 요구되고 있다. 스포츠웨어용 직물은 투습발수 가공을 위해 코팅처리를 하거나 라미네이팅을 하게 되는데, 이 때문에 마찰 소음이 특히 심하게 발생한다.

나일론 직물에 폴리우레탄 건식 코팅, 폴리우레탄 습식 코팅, 시레가공, 라미네이팅 방법으로 투습발수성을 부여한 스포츠웨어용 소재의 총음압을 비교해 봄으로써 직물 소음의 정도를 파악할 수 있다. 〈그림 10-12〉를 보면 폴리우레탄 습식 코팅(NW)한 직물의 총음압은 74.9dB이고, 폴리우레탄 건식코팅(ND)은 73.5dB, 라미네이팅(NL)은 60.0dB, 시레가공(NC)은 54.9dB의 순으로 큰 것을 알 수 있다. 따라서 투습발수 직물을 만들 때 시레가공이나 라미네이팅 방법을 사용하면, 폴리우레탄 건식 코팅이나 습식 코팅을 사용한 경우보다 약 10dB의 소음 감소효과를 얻을 수 있다. 하지만 모든 시료의 총음압 값이 〈그림 10-12〉에서 나온 심리적 유쾌함의 역치값인 50dB을 초과하므로 보다 근본적인 대책이 필요하다.

Toray사가 개발한 소음감량 섬유인 트레시온은 폴리에스테르 장섬유를 사용하여 권축이 풍부한 고크림프 직물 구조를 발현한 것이다. 고감량 가공이나 유연가공을 통해 실의 간격을 넓혀 직물의 자유도를 향상시키고, 섬유표면의 마찰계수를 낮춰줌으로써 약 9% 소음 감소 효과를 얻은 청감성 섬유이다.

이처럼 코팅과 라미네이팅 등 가공방식의 변화로 투습발수 직물의 소음을 50dB 이하로 낮출 수는 없다. 섬유 자체를 개질하여 직물의 자유도를 높이거나,

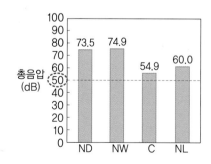

ND: 폴리우레탄 건식코팅 나일론 태피터 직물
NW: 폴리우레탄 습식코팅 나일론 태피터 직물
NC: 시레가공 나일론 태피터 직물
NL: 라미네이팅 나일론 태피터 직물

그림 10-12
나일론 직물의 투습발수
가공 방법에 따른 총음압

표 10-5
소리의 크기와 관련한
특성과 역학적 특성과의
관계

소리 특성	역학적 특성
총음압	G(−), 2HG(−), RC(+)
소리의 크기	RT(+), SMD(+), T(+)

(+) 정적 관계, (−) 부적 관계

코팅된 직물의 표면에 테플론으로 발수가공 처리를 함으로써 마찰계수를 낮추는 방향으로 개질이 진행되어야 할 것이다. 또한 보다 근본적으로는 기존의 코팅이나 라미네이팅에 의한 방식을 떠나, 나노웹을 기반으로 하는 새로운 투습발수 소재를 개발함으로써 투습발수 직물의 소음을 감소시킬 수 있을 것이다.

그 밖에 다양한 직물들의 마찰소음을 감소시키기 위해서는 〈표 10-5〉와 같이 역학적 특성들을 조절하는 것이 필요하다. 총음압과 심리음향학적 소리의 크기를 조절할 수 있는 역학적 특성으로는 전단강성(G), 전단이력(2HG), 압축 선형성(RT), 압축 회복성(RC), 표면 거칠기(SMD), 두께(T) 등이 있다. 직물의 전단강성(G)과 전단이력(2HG)을 크게 하고, 압축 회복성(RC)을 작게 하면 총음압을 감소시킬 수 있다. 그리고 직물의 압축 선형성(RT), 표면 거칠기(SMD), 그리고 두께(T)를 줄이면 심리음향학적 소리의 크기를 감소시킬 수 있다.

3) 무소음 직물을 위한 청감 디자인

병사의 전투복에서 발생하는 과도한 소음은 전장에서 적의 감시 시스템에 의해 목표물로 탐지될 수 있는 위험이 있어 착용자의 안전을 위협하는 요소가 된다. 따라서 전투복에 청각적 안전성을 도모하기 위해서는 직물의 물성과 착용자의 움직임 속도에 따른 마찰음의 음향 특성을 고찰하여 전투복에 안전한 소리 특성을 부여하도록 직물을 설계하는 것이 필요하다.

조자영·조길수(2006)는 소리 특성과 물성 간의 관련성을 마찰 속도별로 분석함으로써, 착용자의 동작에 따라 적절한 저소음 직물 개발 시 고려되어야 할 역학적 특성의 항목을 제안하였다(표 10-6). 병사가 천천히 움직이는 상황에서는 직

표 10-6
무소음 지향 군복
직물의 소리 특성과
역학적 특성과의 관계

	소리 특성	역학적 특성
느린 속도의 움직임(0.2m/s)	소리의 크기	T(−)
	소리의 날카로움	2HG(+)
빠른 속도의 움직임(1.4m/s)	소리의 크기	B(+)
	소리의 변동강도	2HG(+)
전체 움직임 속도 통합 (0.2, 0.5, 0.8, 1.1, 1.4m/s)	소리의 크기	2HG(+)
	소리의 날카로움	T(−)
	소리의 변동강도	B(+)

물이 두껍고(T) 전단이력(2HG)이 작아야 마찰음의 소리의 크기와 날카로움이 낮아져 소리의 노출 위험이 작으며, 빠른 속도로 달리는 동작에서는 직물의 굽힘강성(B)과 전단이력(2HG)이 낮을수록 소리의 크기와 소리의 변동강도를 감소시키는 효과가 있다. 움직임 속도에 관계없이 여러 움직임 속도에서의 소리 특성과 역학적 특성의 관계를 통합적으로 살펴보면, 소리의 크기 및 변동강도를 줄이고자 하면 전단이력(2HG)과 굽힘강성(B)을 제어하여야 하며, 소리의 날카로움을 감소시키려면 두꺼운 직물을 선택하는 것이 바람직하다.

속도 변화 시 마찰음의 급격한 변화를 초래하는 물성 요인으로는 마찰계수(MIU)와 직물의 두께(T)를 들 수 있다. 마찰계수가 낮으면 마찰 속도가 증가할수록 소리의 거칠기가 급격히 상승하나, 반대로 마찰계수가 높으면 빠른 속도로 마찰되어도 소리의 거칠기 증가는 심하지 않다. 따라서 마찰이 쉽게 일어나지 않는 직물의 특성을 지닐수록 속도 증가에 비해 소리의 거칠기가 덜 심해짐을 알 수 있다. 직물의 두께 또한 소리의 심리음향학적 거칠기 상승폭과 관련이 있어서, 두꺼운 직물은 마찰 속도를 증가시켜도 소리의 거칠기에 큰 변화가 없으나 얇은 직물은 마찰 속도 증가에 따라 마찰음이 급격히 거칠어진다.

군복 착용자가 적에게 얼마나 근접했을 때 직물 소리가 감지되는지 파악하고자 가청 거리를 추정한 결과, 잠복 시의 느린 움직임 속도에서 발생한 50dB 정도의 군복 소리는 18m 정도 떨어진 거리에서도 인지되고, 빨리 걸을 때 발생한 70dB

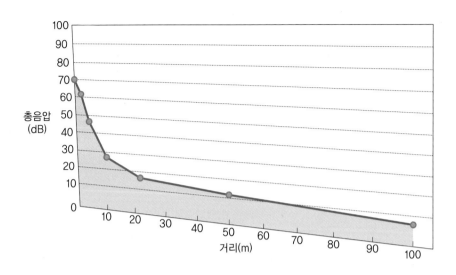

그림 10-13
가청 거리 추정 그래프

정도의 군복 소리는 100m 정도 떨어진 거리에서도 인지된다. 〈그림 10-13〉은 소리의 총음압으로부터 가청 거리를 추정하는 데 사용되는 그래프의 예이다. 무소음 직물의 전투복 개발 연구는 직물 소재의 개발뿐만 아니라 군인들의 안전한 활동 반경을 제안함으로써 군인의 생존율을 높일 수 있는 실제적인 자료를 제안하고 위장 성능을 부여한 전투복 직물 개발 시 유용하게 활용될 수 있을 것이다.

5 직물 소리 감성 전문가 시스템

감성 직물 설계 연구의 효율성 및 관련 연구 결과의 적용성 향상을 위해 직물 마찰음에 대한 감성을 평가하고 예측할 수 있는 감성 전문가 시스템이 필요하다. 직물 소리 감성 전문가 시스템의 한 예로 직물 마찰음에 대한 효율적이고 체계적인 데이터 관리 및 분석을 위한 3개의 서브시스템으로 구성된 전문가 시스템이 있다 (그림 10-14). 3개의 서브시스템은 다음과 같다.

첫째, 직물 감성평가 서브시스템은 직물 마찰에 대한 시각적, 청각적, 자극을 제공하고 실험참여자가 감성평가를 수행할 수 있게 해 주며, 평가 결과를 체계적으

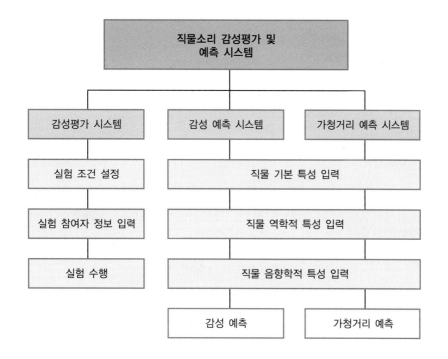

그림 10-14
직물 소리 감성평가 및
예측 시스템 구성

로 관리한다. 둘째, 직물 감성 예측 서브시스템은 직물의 역학적, 음향학적 특성 정보들을 바탕으로 새로운 직물 소리에 대한 감성평가를 다시 하지 않아도 데이터베이스로부터 감성과 전반적 만족도를 예측할 수 있게 해준다. 셋째, 가청거리 예측 서브시스템은 직물의 역학적, 음향학적 특성 정보로부터 직물 마찰음에 대한 인지 역치 음압(Just Noticeable SPL, JNS, 단위: dB)과 가청거리(Audible Distance, AD, 단위: m)를 예측해 준다. 또한, 각 서브시스템은 특정 기능(예: 실험 조건 설정, 평가 실험 수행, 직물의 DB관리)을 수행할 수 있다.

　기존의 직물 음향학적 특성 분석 과정은 직물 마찰음 발생 장치를 사용하여 생성된 마찰음을 녹음하고 적량적으로 분석하는 데 상당한 시간이 소요된다. 그러나 직물의 역학적 특성과 음향학적 특성에 대한 상관성 연구 결과를 바탕으로 직물의 음향학적 특성을 추정하는 시스템을 사용하면 실무자의 분석 시간을 효과적으로 단축시킬 수 있다. 또한, 기존 연구에서 파악된 직물의 역학적, 음향학적 특성에 따른 감성평가 결과를 바탕으로 감성평가 결과를 추정하는 시스템은 감성

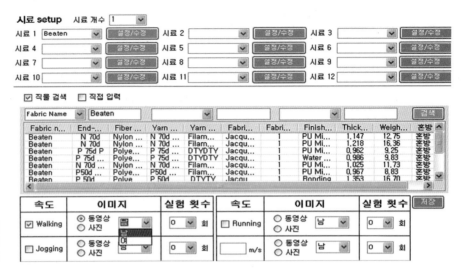

그림 10-15
감성평가 실험 조건
설정 화면

그림 10-16
감성평가 수행 화면 예

	-3	-2	-1	0	1	2	3	
조용한(Quiet)	○	○	○	○	○	○	○	시끄러운(Loud)
낮은(Low)	○	○	○	○	○	○	○	높은(High)
무딘(Dull)	○	○	○	○	○	○	○	날카로운(Sharp)
매끄러운(Smooth)	○	○	○	○	○	○	○	거친(Rough)
부드러운(Soft)	○	○	○	○	○	○	○	딱딱한(Hard)
맑은(Clear)	○	○	○	○	○	○	○	탁한(Obscure)
단조로운(Monotonous)	○	○	○	○	○	○	○	변화있는(Changing)
유쾌한(Comfort)	○	○	○	○	○	○	○	불쾌한(Discomfort)

직물 설계 실무자가 특정 직물에 대한 감성 만족도를 파악하는데 효율적으로 활용할 수 있다. 기존의 직물 마찰음에 대한 감성평가는 청각적 자극만 제공한 상태에서 수행되나, 실제 직물 마찰음은 시각과 청각 자극(직물 마찰 동작과 마찰음)이 동시에 발생하는 상황이므로 공감각적인 자극 상황에서 직물에 대한 감성을 평가할 수 있다(그림 10-15, 10-16).

따라서 이 시스템을 감성평가에 적용함으로써 피험자와 연구자 모두에게 감성평가를 더 간편하고 효율적으로 수행할 수 있으며, 구축된 데이터베이스를 이용하여 청감성을 만족시키는 고부가가치의 직물을 개발하는데 사용할 수 있다. 또한, 이와 같은 표준화된 측정 시스템을 직물 제조업체에 제공함으로써 직물의 음향 성능 측정 및 예측 기술의 상용화를 가능하게 하고, 직물 개발 및 제조 시 적용할 수 있다. 이 감성 전문가 시스템은 투습발수 직물을 사용한 스포츠 의류제품의 웹사이트를 구축할 경우에 청각적 콘텐츠 제공 및 청각적 정보의 시각화(information visualization)를 통한 실질적 정보 제공이 가능하고, 판매자에게는 반품률을 줄일 수 있는 마케팅 정보로도 활용할 수 있다.

11장

의류의 후감성과 공감성 디자인

학습목표

1. 의류의 후감성 디자인에 관한 객관적, 주관적 평가방법을 살펴보고, 후감성 디자인을 적용한 사례를 알아본다.
2. 오감 중 2개 또는 그 이상의 감각을 동시에 고려한 의류의 공감각 연구의 예를 살펴본다.
3. 공감각 평가를 통한 결과를 의류제품 웹사이트 디자인에 반영한 사례를 살펴본다.

의류의 감성 디자인은 주로 시감성과 촉감성을 중심으로 이루어져 왔다. 그러나 의류의 청감성 디자인과 같이 의류에 대한 감성의 범위가 넓어지면서 의류에서의 후감성 디자인도 중요하게 여기게 되었다. 뿐만 아니라 감성은 '쾌적감'이나 '만족감'과 같은 복합적인 감정을 나타내기 때문에, 소재의 개발에 있어 방향성 소재와 소취가공 소재, 항균 소재와 같은 후감성과 관련 있는 소재들의 후감성을 다각도로 고려해야 할 필요성이 커졌다.

한편 공감각 디자인은 오감 중에서 1가지 자극에 의한 것이 아니라 2가지 이상의 자극에 의하여 발생하는 감각을 디자인하는 것이다. 즉, 시촉감, 시청감, 시후감뿐만 아니라, 시미후감 등 어떤 용도이냐에 따라 그 중요도가 달라질 수 있다. 의류 또한 의류 자체와 의생활의 특성상 어느 한 가지 감각보다는 복합적인 공감각에 의해서 평가되고 선택되므로 단순히 한 가지 감각을 고려하기보다 공감각적인 측면에서 고려되어야 한다. 예를 들면 의류를 구입할 때 디자인, 색상과 소재 등에서 느끼는 시감각과 동시에 촉감각, 후감각 등이 구매 의사 결정에 영향을 미친다. 또한 투습발수소재로 만들어진 스포츠 의류는 위에서 언급한 소재의 시감각, 촉감각 그리고 후감각 이외에도 청감각이 고려된다. 이와 같이 의류는 일상 생활에서 복합 감성인 공감각에 의한 영향을 많이 받고 있어서 공감각에 대한 연구의 중요성과 필요성이 더욱 부각되고 있다.

의류의 후감성 연구 1

의류의 후감성 연구는 주로 좋은 향기를 부여하는 방향 가공법과 불쾌한 냄새를 없애는 소취 가공법으로 구분되어 이루어지고 있다. 방향성 소재는 허브, 과일, 꽃, 식물 등의 향과 같은 좋은 향기를 통해 단순히 방출되는 향을 즐기도록 해 줄 뿐만 아니라, 스트레스 완화 작용을 통해 건강에도 유익한 영향을 줄 수 있다. 직물의 향기 평가 방법은 제시된 향기를 맡고 피험자가 향기의 강도를 평가하는 주관적인 방법과 향 자체 분석과 향기에 대한 신체 반응 변화를 측정하는 객관적인 방법이 있다.

1) 주관적 향기 평가

주관적 향기 평가는 판단자 선정과 평가 기준, 평가 조건, 평가 기술, 평가 등급이나 단위, 결과 분석의 단계로 이루어진다. 판단자 선정은 후각계(olfactometer)를 사용하여 후각 역치를 평가하고, 머스크(Musk)향을 이용하여 후맹 여부를 판단한 후, 정상인 사람을 대상으로 한다. 평가 기준은 주로 진하다, 도시적이다, 낭만적이다, 강렬하다 등의 형용사를 사용하며, 평가 조건은 ISO 8589(sensory Analysis) 국제 규격에 따라 설정된다. 실험실은 가능한 완전 밀폐된 공간에서 공기청정기를 이용하여 시료 이외의 다른 환경으로부터 나오는 향은 제거하고, 밝은 색 벽과 가구를 사용하도록 되어 있다. 주관적 향기 평가에서 사용되는 국제 규격 챔버의 구조는 실험이 이루어지는 패널 평가실, 실험을 준비하고 실험에 필요한 시료, 기구, 장비 등을 보관하는 시료 준비실, 실험 목적 및 방법에 대해 토론이나 교육을 위한 토론 및 교육실, 패널들을 대표하는 사람들을 모아 실험에 대한 정보를 제공하는 패널리더실 등의 공간을 갖추어야 한다.

평가 기술에 해당하는 향기 자극물 제시는 온도 센서와 온도 조절 장치를 통해 판단자의 들숨 주기를 결정하고 이에 맞추어 일정한 유량을 흡입기로 향을 분사시켜 판단자가 자연스럽게 향을 흡입하도록 제시한다. 평가 등급이나 단위는 의미미분척도법으로 설문을 구성하거나 라인 척도(Line-scale), 헤닝(Henning)의 향 프리즘(odor prism), 크로커 헨더슨(Crocker Henderson)의 분류 등을 사용한다.

의미미분척도법은 이미 감성평가방법에서 자세히 설명하였으므로 여기서는 생략하기로 하되, 중요한 것은 향을 설명하는 형용사를 서로 반대되는 개념으로 쌍으로 잘 표현하는 데 있다. 라인 척도에서 척도의 왼쪽은 낮은 강도를 오른쪽은 높은 강도를 나타내는 것으로, 향기의 절대값을 측정할 수는 없지만 라인의 왼쪽 끝에서부터 피험자가 표시한 부분까지의 거리를 측정함으로써 상대적인 개념의 수치를 얻고 이를 통해 다른 직물의 향 강도와의 비교가 가능한 방법이다.

헤닝의 향 프리즘은 향을 썩은 향(putrid), 과일 향(fruity), 송진 향(resinous), 향료가 풍부한 향(spicy), 꽃 향기(flowery), 그리고 탄 향(burnt) 등 6종의 기본 향으로 분류하여 그 향의 상호 관계를 향의 삼면체(smell prism)로 표시하여 설명한 것이다. 모든 단일 향은 이 프리즘 속의 점으로써 표현될 수 있다고 가정되며, 프리즘의 가장자리를 따라 위치한 향은 그 가장자리의 모서리에 위치한 향과 비슷하며 그 유사성의 정도는 모서리까지의 거리에 반비례한다. 예로, 레몬 기름이 과일 향기와 송진 향을 잇는 가장자리 위에 위치한다면 그 향은 과일 향기와 송진 향의 속성을 모두 가지고 있는 것으로 평가할 수 있고, 레몬 기름의 위치가 과일 향기에 더 가깝다는 점을 기초로 그 향은 과일 향에 더 유사한 것으로 평가할 수 있다.

크로커 헨더슨의 분류는 향을 4가지 종류의 기본 향으로 분류하여 각 기본 향의 강도를 1~8 또는 0~9의 수치로 표현한다. 4가지의 기본 향은 향기로운 향(fragrant), 신 향(acid), 탄 향(burnt), 썩은 향(caprylic)으로 나뉘며, 모든 향을 이 4가지의 기본 향의 혼합으로 보고 혼합 비율을 수치로써 표현한다.

2) 객관적 향기 평가

향기에 대한 감성을 객관적으로 평가하는 방법은 제시된 향기에 대한 신체 반응의 변화를 측정하는 방법이 많이 사용되며, 이때 사용되는 생리적 신호들은 뇌파, 근전도, 피부전기반응, 맥박, 호흡률, 심박수 등이다. 향기 자체에 대한 객관적인 특성을 평가하기 위해서는 향기의 성분을 분석하는 방법이 사용된다. 향기 성분은 티넥스 트랩법과 고체상 미량 추출법으로 분석하며, 향을 추출하여 질량분석기(Gas Chromatography-Mass Spectrometry, GC-MS), 분광계(spectrometer) 등과 같은 기기들을 이용하여 분석한다.

티넥스 트랩법(Tenax trap method)은 흡착제가 충진되어 있는 흡착튜브인 티넥스 트랩에 향기 성분을 −30℃에서 농축하고 1시간 동안에 280℃까지 온도를 높여 탈착시킨 후 그 휘발된 향기 성분을 분석하는 방법이며, 고체상 미량 추출법(Solid Phase Microextraction, SPME)은 향기가 들어있는 병을 80℃의 수조 상에서 30분간 활성화하여 휘발되는 향기 성분을 흡착시킨 후 탈착시킨 향기 성분을 분석하는 방법이다.

화학적 자극물인 향기의 성분 분석은 질량분석기, 분광계, 전자 코 등의 시스템을 사용한다. 질량분석기는 가속된 이온이 전기장이나 자기장을 지나면서 휘는 성질을 이용하여 질량을 정밀하게 측정하는 장치이고, 분광계는 향기 시료를 통과하는 빛의 파장을 분석하여 포함된 성분을 분석하는 데 사용되는 장치이다. 이 장치들을 사용하면 향에 관여하는 여러 성분의 종류와 농도를 알아낼 수 있으나, 각 성분간의 상호작용에 의한 향 특성을 표현해 낼 수 없으므로 복잡한 전처리 과정이 뒤따르고 성분에 따라 컬럼을 교체해야 하며 기준 물질을 설정하기 쉽지 않다는 단점이 있다. 이런 단점을 극복하기 위해 사람의 후각 체계를 모방한 기계에 대한 접근이 시도되어 전자 코 시스템이 개발되었다.

전자 코(Electronic nose, E-nose) 시스템은 코의 후각 세포에 해당하는 가스 센서와 뇌의 후각정보 처리 방식을 모방한 패턴 인식 소프트웨어를 이용하여 향을 감별하는 전자 장치이다. 전자 코에 의한 향 성분 측정은 향이 유발하는 전기저항 변화와 공명 주파수 변화에 기초한 것으로, 사람의 코가 향을 맡고 뇌에 정보를 전달하듯이 전자 센서로 향을 감지해서 프로그램으로 처리하는 것이다. 초기에는 각종 식품의 향미 성분 분석, 과일과 육류, 생선 등 식품의 신선도 분석과 같은 식품산업계에만 사용되었으나, 최근에는 직물의 방향성 소재 개발을 위한 향기 분석, 의학 분야, 군사 분야 등에서도 널리 사용되고 있다. 예로서, 축농증 환자에게서는 치즈 향이 나고 간에 이상이 있는 사람에게서는 썩은 달걀 향이 나는 등 나름대로의 독특한 향이 나서 병을 진단하는데 도움을 줄 수 있고, 지뢰를 구성하는 화약 향을 전자 코가 탐지하여 지뢰의 위치를 알려줄 수 있다.

3) 직물 후감성 연구

직물에 처리한 연구는 아니지만 향기와 관련한 감성 연구에서 민병찬 외(1999)는 레몬, 라벤더, 재스민, 장미 향을 대상으로 생리 신호를 측정한 결과, 베타파/알파파 값이 가장 작은 레몬 향이 가장 상쾌한 향으로 평가되었다. 이는 기분 좋은 상태일 때 많이 나오는 알파파의 출현량이 커져서 비율 값이 작아지기 때문이다. 또한, 긴장 정도에 대한 지표가 되는 피부저항 변화를 살펴본 결과, 피부저항 값이 가장 작은 라벤더 향이 가장 진정 작용이 있는 향으로 평가되었다. 이는 기분 좋은 상태일수록 피부저항 값이 감소하기 때문이다. 이러한 연구 결과들을 바탕으로 방향성 소재 개발 시 향의 선택 및 적용에 생리신호 분석 데이터를 활용할 수 있을 것이다.

후감성 평가법과 관련하여 서한석 외(2007)는 후각 감성평가 시 모든 피험자에게 동일한 농도의 향을 제공한 경우와 피험자 개개인의 후각 역치를 고려하여 향의 농도를 조절하여 제공한 경우에 있어서 후각 감성특성 및 감성구조에 차이를 보이는지 연구하였다. 그 결과, 피험자의 후각 역치 고려 유무는 후각 감성특성 및 감성구조에 영향을 미쳤다. 따라서 향에 대한 후각 감성평가를 수행하고자 할 때, 피험자의 후각 역치 및 기능과 이에 따른 향의 제시법 또한 신중하게 고려해야 함을 제언하고 있다.

차태훈과 이경아(2006)의 연구에서는 온라인 구매를 이끌어낼 때, 후각 정보의 필요성을 개인성향과 쇼핑몰 관점에서 규명하였다. 상품에 대한 후각 정보를 제시하고 설문지 평가를 실시한 결과, 정보를 제시한 경우가 제시하지 않은 경우보다 제품에 대한 지각된 품질 및 구매의도가 높았다. 또한, 신뢰도가 낮은 쇼핑몰에서 유용한 감각정보를 제시함에 따라, 사용자들이 신뢰감을 형성하게 되며, 이는 제품에 대한 품질 및 구매의도에 대한 긍정적 효과로 이어짐을 밝혀냈다. 이 연구 결과를 방향성 소재에 대한 인터넷 쇼핑몰 웹사이트 구축에 활용할 수 있을 것이다.

방향성 소재에 관한 연구에서, Yan 외(2005)는 섬유 고분자에 향 물질을 넣어 함께 방사함으로써 향기 나는 합성 가죽 제품부터 커튼에 이르기까지 방향성 섬유를 활용할 수 있는 기술을 확보하고자 하였다. 라일락 향기가 나는 실로 편직한 직물을 시료로 사용하여 겨드랑이에 덧댄 후, 정신·물리학적 평가를 통해 후감성을 평가하였다. 또한, 여러 가지 향기에 대한 감지 역치(detection threshold)를 찾아내었다. Rodrigues 외(2009)는 계면 중합을 통해서 향수를 담은 마이크로캡슐(microcapsule)을 개발하여 직물에 적용시켜 이들을 스펙트로포토미터(spectrophotometer)로 향의 성분을 객관적으로 평가하였다. 향수 마이크로캡슐화 기술은 전통적인 마이크로캡슐을 만드는 방법을 사용하였으며 제조된 캡슐을 폴라 직물의 표면에 코팅하여 시료로 사용하였다.

악취와 관련된 후감성 연구로 Rachel 외(2007)는 남성 피험자들의 겨드랑이 부위와 맞닿은 미처리 직물의 냄새강도에 대해 섬유 종류 및 직물 구조에 따라 차이가 있는지를 찾아내고자 관능검사와 미생물학적 분석을 하였다. 관능검사는 라인 척도 방법으로 냄새강도를 주관적으로 평가하였으며, 미생물학적 분석은 직물이 겨드랑이로부터 제거된 후, 각각 1, 7, 28일 후에 직물로부터 추출한 박테리아의 수를 측정함으로써 이루어졌다. 그 결과, 냄새의 강도는 섬유 종류에 의해서 큰 영향을 받아 '폴리에스테르>면>울'의 순으로 강하게 나타났다. 또한 섬유의 고유한 항균성보다 섬유의 화학적 구조와 물리적 형태와 같은 요인들이 직물로부터 나오는 냄새의 강도에 더 많은 영향을 미치고 있음을 알 수 있었다.

단순한 방향성 소재에 대한 연구를 넘어서 치료 효과 또는 힐링 효과가 있는 소재에 대한 연구도 진행되었다. Wang 외(2005)는 아로마콜로지 연구 논문에 대하여 조사하고, 이를 바탕으로 β-cyclodextrin을 함유한 화합물이 치료 효과가 있음을 알아내어 이를 마이크로캡슐화하여 직물에 처리함으로써 방향 치료 소재를 개발하였다. 그들은 주관적 감각 평가를 통해 향기의 내구성이 30일 이상 유지되는

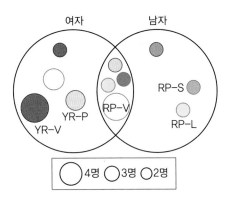

여자   남자

RP-S

YR-P   RP-V

YR-V

RP-L

◯4명 ◯3명 ◯2명

그림 11-1
향 자극물의 종류와 농도에
대한 피부전도수준의 차이

것을 밝혔다.

박해리, 조길수(2015)는 서로 다른 농도를 갖는 라벤더 향과 레몬 향의 마이크로캡슐이 코팅된 방향성 의류소재에 힐링 효과가 있는지 알아보고자 피부전도수준, 혈류량과 같은 자율신경계 반응을 평가하였다. 스트레스를 자극하여 교감신경이 활성화되면 피부전도수준 값은 증가하고 혈류량은 감소한다. 〈그림 11-1〉과 〈그림 11-2〉는 향 자극물의 종류와 농도에 대한 자율신경계 반응 차이 결과를 제시한 것이다. 피험자의 스트레스를 자극시킨 뒤에 라벤더 2%, 라벤더 5%, 레몬

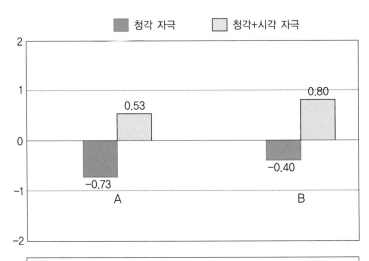

■ 청각 자극   □ 청각+시각 자극

0.53

0.80

−0.73

−0.40

A   B

그림 11-2
향 자극물의 종류와
농도에 대한 혈류량의 차이

A: 실제 옷을 착용하고 움직일 때 발생하는 직물 소리와 유사하게 들린다.
B: 옷을 착용하고 움직일 때 발생하는 직물 소리라고 느껴진다.

2%의 향을 맡게 한 결과, 피부전도수준은 감소하였고 혈류량은 증가한 것으로 나타났으며, 이는 해당 향들이 피험자의 심리적 안정을 유발하여 힐링 효과를 나낸 것으로 해석할 수 있다.

후감과 시감을 고려한 공감성 연구 2

후감을 의류에 적용한 방향성 소재는 마이크로캡슐화를 통해 캡슐 속에 다양한 향을 넣어 직물 표면에 코팅함으로써 보편화되고 있다. 그러나 완성된 직물이 부여된 향과 어울리는 색상이나 디자인으로 표현되면 문제가 없는데, 향이 가져다주는 감성이나 효과와 무관하거나 오히려 효과를 감소시키는 색상이나 디자인이 적용된다면 큰 문제가 될 것이다.

이에 우승정과 조길수(2003)는 방향성 소재 디자인을 위한 향과 색의 복합 감성에 대한 연구를 진행하였다. 이 연구에서는 감성이 인체의 감각기관에 의해 감지된 외부의 자극에 대해 인체가 느끼는 복합감정이라는 특성을 고려하여, 향이라는 후각적 감각과 색이라는 시각적 감각이 복합적으로 어떠한 감성으로 표현되는지 알아보았다. 우선 향과 색감성을 동시에 측정할 수 있는 총 20쌍의 감성 형용사를 양극 7점 척도로 작성하였다. 전문가 집단인 시각디자인 전공 남녀를 대상으로 개별 실험을 통해 플로럴 향, 재스민 향, 라벤더 향, 모과 향의 4가지 향에 대하여 연상되는 색상을 색표계(I.R.I Hue & Tone)에서 선택하게 하고, 향과 선택한 색에 대한 감성평가를 실시하였다. I.R.I 색표계는 Image Research Institute라는 색채연구소에서 개발한 색표계로 일본의 Kobayashi가 개발한 것을 우리나라 사람들의 감성에 맞게 다시 연구한 것이다. 색표계의 가로축은 색상(hue)이고 세로축은 명도(tone)를 나타낸다.

향과 색에 대한 감성구조는 '심미성, 낭만성, 개성, 강도, 자연성'의 다섯 요인으로 구성되었다. 향 종류별 선택 색상의 빈도 분석 결과, 향 종류에 따라 선택하는 색상에 차이를 보였고, 성별에 따른 색상의 선택 또한 다르게 나타났다. 결과를 자세히 살펴보면, 플로럴 향에 대해 여성은 YellowRed-Vivid를 가장 많이 선택하였고, 남성은 RedPurple-Strong과 RedPurple-Light를 똑같이 선택하였으며, 남녀 공통으로는 RedPurple-Vivid를 가장 유사한 감성을 주는 색으로 많이 선택하였다. 또한, 향과 색에 대한 공감각 형용사의 평균값을 구하여 기존 연구에서 밝힌 향 종류별 감성과 비교한 결과와 유사한 결과가 도출되었다고 하였다. 이처럼 각각의 향에 적합한 색상을 선택하여 복합적으로 이루어지는 감성을 고려한 연구가 활발히 이루어진다면, 소비자들이 각자의 감성에 맞는 제품을 선택하는 데 있어 한 가지 감성만을 고려할 때보다 그 효과를 극대화할 수 있을 것이다.

그 후 Yan Liu 외(2008)는 구매 경험 극대화를 위한 향기 부여 직물에 대한 연구를 실시하였다. 그들은 향기 나는 실(scented yarns)을 사용하여 그 향에 어울리는 색을 부여한 방향성 직물을 개발하여 실험을 실시한 결과, 감귤 향과 라벤더 향 시료는 오렌지색이나 보라색보다 흰색일 때 더 쾌적하게 평가되었다고 하였다. 실험에 참여한 사람들은 일관되게 라벤더 향과 감귤 향에 크게 흥미를 느낀다고 하였고, 흰색, 오렌지색, 보라색 순으로 흥미를 보였다.

이 연구에서 잠재 소비자들은 향기 부여 직물과 제품 적용에 대한 일관된 긍정적 관심을 보여주고 있음을 알 수 있었다. 따라서 직물에 향기를 부여한 섬유제품을 개발하기 위해서는 정신물리학적으로 쾌적한 향기를 연구해야 할 뿐만 아니라, 그 향에 어울리는 색을 부여해야 함을 알 수 있다. 이에 따라 앞으로는 소비자에게 어필하는 방향성 섬유제품을 제공하기 위해서 보다 많은 공감각 연구가 진행될 것으로 보인다.

3 청감과 시감을 고려한 공감성 연구

인터넷을 통해 마음에 드는 스포츠웨어를 구매하고 나서 사용하다 보니 시끄러운 소리를 내는 투습방수가공 소재로 인해 불쾌감을 느끼게 되어 반품하고자 한다면, 이는 웹사이트로부터 충분한 정보를 제공받지 못하여 개인의 소중한 시간과 노력을 낭비한 전형적인 사례라고 할 수 있다. 요즈음 전자상거래를 위한 정보제공이 주로 시각에 의존하고, 촉감과 같은 다른 감각에 의한 정보를 제공할 수 없음으로 인해 다른 감각을 시각화하여 제공하고자 하는 노력들이 많이 이루어지고 있다. 촉감의 시각화가 그 대표적인 사례이다. 이에 대한 자세한 설명은 정보의 시각화(13장 1 감성제품 디자인의 예 참조)에서 다룰 것이다.

여기서는 전자상거래 시 직물 마찰음을 제공함으로써, 소비자가 웹 상의 제품을 평가하는데 어떤 도움을 받게 되는지를 평가한 사례를 살펴보고자 한다. 한아름, 양윤정, 조길수(2009)는 직물 마찰음의 주관적 평가에 시각적 변수가 미치는 영향을 알아보기 위하여 현재 유통되고 있는 79종의 스포츠웨어용 투습발수직물이 음향 특성을 분석하였다. 이 시료들의 음향 특성으로 계층적 군집분석을 실시하여 나눈 3개의 군집에서 각각 하나씩 추출한 총 3가지 시료를 대상으로 walking, jogging, running의 속도로 직물을 마찰시켜 총 9가지의 직물 소리를 얻었다. 그리고 이 소리들에 대한 주관적 평가 시 시각적 변수의 영향을 분석하기 위하여 녹음된 직물의 소리와 함께 모니터를 통해 해당 자극물의 마찰속도에 따라 운동하는 사람을 보여줌으로써, 청각과 시각 자극을 동시에 제시하였을 때의 주관적 반응을 분석하였다.

주관적 평가는 8개의 형용사 쌍에 대해 의미미분척도법으로 평가되었고, '실제 옷을 착용하고 움직일 때 발생하는 직물 소리와 유사하게 들린다'와 '옷을 착용하고 움직일 때 발생하는 소리라고 느껴진다'의 두 문항을 추가하여 평가하였다. 그 결과 시각 자극의 유무에 따른 소리 감성에는 차이가 없어서 시각이 제공되어도 소리만 제공되었을 때와 유사한 감성을 보이는 것으로 나타났다. 이 결과는 직물 마찰음에서 느껴지는 부정적 감성이 시각 자극이 제공되더라도 변함없이 유지됨을 다시 한번 강조함으로써 소리 자체를 줄이려는 시도는 계속되어야 함을 암시한다고 할 수 있을 것이다. 또한 이 실험 결과에서는 피험자가 소리만으로 직물이 마찰되는 장면을 의식적으로 상상해야 하는 심리적 부담을 줄여주었고, 주관적 평가 시 몰입 정도를 향상시킬 수 있음을 알 수 있었다.

4부

감성과학적 제품 디자인

4부에서는 감성과학적 디자인 어프로치를 통한 감성제품 디자인에 대해 소개한다.

12장에서는 감성과학적 제품 디자인 어프로치에 대해 살펴본다.

13장에서는 감성제품 디자인의 예를 살펴본다.

12장

감성과학적
제품 디자인
어프로치

학습목표

1. 제품 디자인에서의 감성의 역할과 인지와의
   관계에 대해 알아보고, 감성 디자인 평가체
   계와 측정 및 평가방법에 대해 살펴본다.
2. 오감의 변환과 인터페이스를 통한 감성제품
   디자인 어프로치에 대해 살펴본다.

고도 소비생활시대에 접어든 21세기는 소비자들의 소비패턴이 과거에 기능
및 성능이 우수한 제품을 찾던 것에서 변화하여, 기능과 성능뿐만 아니라 제
품의 감성적인 측면도 고려한 제품을 찾는 방향으로 변화하고 있다. 제품의
고유 기능만으로는 소비자의 구매욕구를 유발시킬 수 없게 됨과 동시에 소비
자가 제품에 있어서도 자신의 개성을 표현하고 싶어하게 되면서, 기업들은
이러한 감성적인 소비자 요구사항을 적극적으로 충족시킬 수 있는 제품을 생
산, 판매할 필요성이 생겼다고 할 수 있다.

따라서 제품 디자인에 있어서도 제품 자체에 대한 시장성뿐만 아니라 소비자
의 감성을 파악하여 제품의 디자인 및 기획단계에서부터 판매에 이르기까지
의 전 과정을 합리적으로 조정하고 새로운 제품을 개발할 수 있도록 하는 프
로세스의 변화가 요구되고 있다. 본 장에서는 제품 디자인에서 감성의 역할
과 인지와의 관계에 대해 알아보고, 감성 디자인 평가체계와 측정 및 평가방
법에 대해 살펴본다. 그리고 오감변환, 감성 인터페이스를 활용한 연구들의
예들을 소개하려고 한다.

제품 디자인에서의 감성 1

1) 감성의 역할

제품 디자인에 관한 대부분의 연구는 기능성(functionality), 유용성(utility)과 같은 고객의 니즈(needs)에 초점을 맞춰 왔으며, 지금까지는 거의 고객의 감성에 관한 문제를 연구한 적이 없다. 제품 사용성에 대한 전통적 인지적 접근은 디자인에서 고객 감성의 중요성을 과소 평가하는 경향이 있다. 그러나 마켓에서 제품의 성공은 그 제품의 미적인 매력(aesthetic attractiveness), 그것이 만들어 내는 즐거움(pleasantness) 그리고 그 제품이 주는 만족감(satisfaction)에 달려있다. 감성은 고객이 어떻게 제품과 상호작용하는지에 영향을 미치는데, 상호작용 중에는 느낌(feeling)이 사고(thinking)를 동반한다.

제품 또는 서비스는 다음의 3단계를 만족해야만 한다. 첫 번째 단계는 기능적 유용성(usability function)이다. 제품은 디자인된 작업을 수행할 수 있어야 하며, 기능성과 사용성이 좋아야 한다. 예를 들어 자동차는 사람을 A에서 B로 옮겨야 한다는 기능을 만족시켜야 한다. 두 번째 단계는 안전성 및 신뢰성 감성(Sense of safety, trust-emotion)이다. 이는 작업과 관련하여 감성과 관련되어 있어야 한다는 것을 의미하는데, 이때의 감성은 사용자 경험(user experience)의 일부분이다. 예를 들어 자동화된 현금지급기를 사용할 때 신뢰성이 들고, 안전에 대한 느낌이 좋아야 한다. 세 번째 단계는 요구되는 품질(aspirational quality)을 만족시키는 것이다. 이는 사용자의 열망이나 동경의 대상에 해당하는 수준의 품질에 대한 만족을 의미하는 것으로, 그 제품을 소유하는 것이 사용자에게 무엇을 말하는가를 알아내는 것이 중요하다. 예를 들어 '최신의 초소형 휴대폰을 가진 사람은 멋지다'와 같은 것이 이에 해당한다.

또한 감성 디자인 시 아래 4가지 요소들 간의 상호작용을 고려해야 하는데, 그 요소들은 다음과 같다. 첫 번째는 사용자에게 인지된 유용성으로 이는 실용적 속성(pragmatic attributes)이다. 두 번째는 자극과 식별로 이는 쾌락적 속성(hedonic attributes)이다. 세 번째는 만족(goodness)이며, 마지막 네 번째는 아름다움(beauty)이다. 이러한 개념들은 MP3 플레이어 스킨 디자인에 적용되었고, 만족은 지각된 사용성과 심미성 모두에 영향을 받는다는 것이 밝혀졌다.

HCI(Human Computer Interaction) 분야에서는 퍼놀러지(Funology)가 새로운 트렌드로 떠오르고 있다. 퍼놀로지는 'fun(재미)'과 'technology(기술)'의 합성어로 인간공학의 헤도노믹스(Hedonomics_'Hedo: 쾌락, 즐거움'을 의미, 'nomics: 경제 정책'의 의미) 분야에 해당하는 용어이다. 과거에는 인간공학의 헤도노믹스가 고통(pain)이나 성과(performance)를 주로 연구했으나 이제는 즐거움에 관한 연구로 초점이 이동되었다. 이에 따라 많은 연구들이 재미(fun), 즐거움(pleasant), 감정(emotion)을 고려한 퍼놀로지를 연구하고 있다.

제품에서 존재하는 즐거움은 다음과 같이 분류된다.

① 물리적 즐거움(physical pleasure)

　인체의 감각과 관련한 즐거움(예: 먹기, 마시기, 기분 좋은 표면을 만지기)

② 사회적 즐거움(social pleasure)

　가족, 친구, 공동작업자 등과 관련된 사회적 상호작용을 포함한 즐거움

③ 심리적 즐거움(psychological pleasure)

　마음과 관련된 즐거움(예: 그림 그리기, 연주회를 듣는 것, 다른 사람의 창의력을 즐기는 것)

④ 사색적 즐거움(reflective pleasure)

　우리의 경험과 지식의 반영과 관련된 즐거움, 심미성과 품질과 관련됨

⑤ 규범적 즐거움(normative pleasure)

　도덕적 판단기준, 환경, 종교 등과 관련된 즐거움

즐거움(pleasure)이란 제품 사용에 관련된 감성적 이익이라고 정의된다. 또한, 즐겁지 않음(displeasure)을 감성적 불이익이라고 정의하면서, 이는 디자인 제약으로 작용한다고 하였다. 그러나 디자인 제약을 어떻게 피해야 할지를 알고 있다

고 해서 즐거운 제품을 디자인하는 방법을 알고 있다는 것을 의미하지는 않는다.

감성 디자인은 이론적으로 수행되고 실험과 관찰에 바탕을 가지고 있어야 하며, 사용자와 제품 간에 개인화(personalization), 심미성의 유지(aesthetic longevity), 매끄러운 상호작용(seamless interaction)과 같은 원칙이 매우 중요하게 지켜져야 한다. 또한 즐거움(pleasure)과 사용성(usability)이 함께 고려되어야 하고, 심미성(aesthetics), 매력(attractiveness), 아름다움(beauty)이 함께 고려되어야 한다. 이들 요구조건들은 이제 막 충족되기 시작하는 단계이며 아직 완전히 달성되지는 않고 있다. 감성 디자인(affective design, hedonomic design or emotional design)의 목표는 인간-제품 상호작용 속에서 즐거움이 증대될 수 있도록 헌신하는 디자인을 하는 것이라 할 수 있다.

2) 감성과 인지의 관계

원래 감성과 인지는 독립된 서로 다른 현상으로 보아왔으나, 감성이 생각, 인지, 정보처리에 중심 역할을 한다는 것이 밝혀졌다.

사람이 현실을 지각하는 방식은 2가지다(그림 12-1). 하나는 감성 시스템

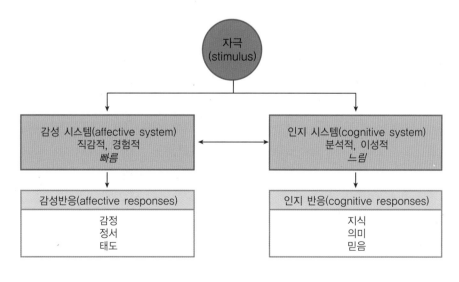

그림 12-1
감성과 인지의 교차 관계
(cross-coupling)

(affective system)이며, 다른 하나는 인지 시스템(cognitive system)이다. 정식의 의사결정은 인지적으로 이루어지지만 이는 매우 느리다. 그러나 경험적, 감성적 시스템은 매우 빠르다. 감성은 느낌으로 반응을 나타내고, 인지는 해석, 이해 등의 반응을 나타낸다. 또한, 감성은 비객관적(nonobjective) 생각을 일으키지는 않지만 화(anger)와 같은 객관성에 대한 감정적 관심을 일으킨다. 객관적 사고는 감성을 수반하고, 보다 더 정확하고, 종합적이고, 통찰력이 있지만 이것은 단지 감성적일 뿐이다. 즉, 독립된 서로 다른 현상이 아니고 상호관련성을 가지고 있다.

감성은 문화적인 특성도 지닌다. 사람들은 제품의 물리적 특성에만 반응하지 않고 그 제품들의 개인적, 문화적 의미에도 반응하는데, 따라서 어떤 사용자 환경(user interface)이 한 문화에서는 받아들여지지만 다른 문화에서는 받아들여지지 않을 수 있다(예, 유럽: 백색가전, 국내: 다양한 색상의 가전). 디자인을 지역 문화 기준에 맞게 주문 제작하는 것은 미적인 생명을 길게 할 수 있다.

문화는 다음과 같은 시나리오를 전제로 한다. ① 우리 모두는 다 다르다. 그러나 같은 환경이나 사회에서 다른 사람과 비슷한 경험을 공유한다. ② 국가간에는 문화적 차이가 존재한다. ③ 종교, 사회계층, 세대, 성, 지역, 민속, 언어 집단, 전문가 집단, 조직 간에도 차이가 존재한다. ④ 문화는 사람들 안에서 공유되는 특성들을 연구함으로써 분명히 이해될 수 있다. ⑤ 문화는 또한 집단의 가시적 측면뿐만 아니라 만질 수 없는 요소들(사고, 가치, 행동)에 의해서도 결속된다.

3) 감성 디자인 평가를 위한 체계

감성 디자인 평가를 위한 체계는 디자이너 환경(designer's environment)과 감성 사용자의 경험(affective user experience) 2개의 파트로 구성된다(그림 12-2). 이 구성 체계의 목적은 감성 디자인을 하기 위해 디자이너가 사용할 도구를 제시하고 사용자가 어떻게 디자인을 인지하고 반응하는지를 알아보는 데 있다.

디자이너 환경은 3개의 하위시스템을 가지는데 제품 자체의 디자인(artifact), 제품의 사용 문맥(context of use), 사회적 환경(society)이 그것이다. 디자인된 제품

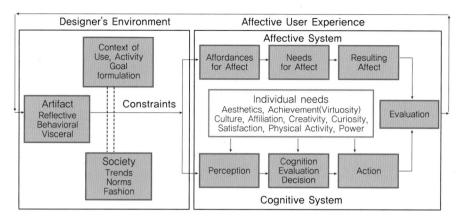

그림 12-2
감성 디자인의 평가를
위한 체계

은 본능적, 행동적, 반사적 디자인 같은 감성적 반응을 이끌고 제품 디자이너는 사용자의 니즈와 반응을 3가지 측면 모두에서 고려하거나 예측할 필요가 있다.

제품 자체의 디자인(artifact) 측면을 살펴보면, 본능적(visceral) 디자인은 지각적 감각에 호소하는 경향이 있다. 이는 외관(appearance)에 관한 것으로, 대부분의 사람이 같은 생각을 가진다는 특성을 지닌다. 황금분할, 대칭, 색, 시각적 균형 등 미적인 측면에 관한 것이 이에 속한다. 행동적(behavioral) 디자인은 그 제품을 가지고 사람이 무엇을 할 수 있을까에 초점을 맞추는데, 이는 HCI(Human Computer Interaction), 인간공학(Human Factors)이 관심의 대상이다. 반사적(reflective) 디자인은 디자이너 또는 사용자의 사고와 현 디자인의 평가에 관심을 두는데, 이것은 지적으로 생성되는 것이다. 디자이너의 지식과 경험뿐만 아니라 사용자의 지식과 경험에 의해 영향을 받는데, 디자이너의 판단이 크게 작용한다. 문화와 관련되어 사람에 따라 평가가 극단적으로 달라질 수 있다는 특성을 지닌다.

디자이너의 환경에서 다룬 다음 이슈는 디자인 압박(design constraint)과 필터(filter)이다. 이것은 〈그림 12-2〉에서 제품의 사용 문맥(context of use)과 사회적 환경(society)을 선으로 연결하고 있다.

제품의 사용 문맥을 고려하는 것은 늘 쉽지만은 않다. 왜냐하면 이것은 사용자의 니즈와 제품의 사용 문맥 안에서 동기 유발된 행동으로 인해 생기기 때문이다. 예를 들어 휴대폰의 경우, 사랑하는 사람과 접촉하기, 일을 효율적으로 하기, 지루

함를 달래기 등 다양한 니즈와 동기가 존재한다. 또한 다양한 행동들, 즉 게임, SMS(short messaging system), 알람, 인터넷 연결 등이 존재하며, 일적인 상호 작용이나 집에서의 사용, 오락을 위한 사용 등 다양한 문맥에서 사용될 수 있다. 따라서 휴대전화의 사용은 예측될 수 없고 상호 작용을 모델링하기가 어렵다.

감성 사용자(affective user)의 지각, 인지와 행동은 니즈의 차이, 그리고 색다른 특성들, 즉 지식, 교육, 성 등에 의해 영향을 받는다. 마지막으로 〈그림 12-2〉에서 디자인을 평가하기 위해서 동시에 작용하는 2가지 시스템이 있는데, 하나는 감성 시스템(affective system)이고 다른 하나는 인지 시스템(cognitive system)이다. 이들은 개인의 니즈에 의해 영향을 받는다.

디자인의 3가지 측면과 관련하여 〈그림 12-3〉은 두뇌 작용의 3단계에 대하여 설명하고 있다. 첫 번째 단계인 본능적(visceral) 단계는 자동적이며 태어날 때부터 미리 프로그래밍되어 있는 부분으로, 처리속도가 빠르다. 이는 무엇이 좋은지 나쁜지, 안전한지 위험한지를 빨리 판단하고, 근육(운동체계)에 적절한 신호를 보내고 두뇌의 나머지 부분에는 경고신호를 보내는 기능을 한다. 즉, 감성적인 처리의 시작으로 볼 수 있으며, 생물학적으로 결정되고, 행동적, 반사적 단계로부터의 신호 통제를 통해 강화되거나 억제될 수 있다. 두 번째 단계인 행동적(behavioral) 단계는 일상생활의 행동을 제어하는 두뇌 활동을 포함하는 부분으로, 대부분의 인간 행동이 행해지는 곳이다. 이 단계는 본능적 단계를 강화하거나 억제할 수 있으며, 반사적 단계로부터는 강화되거나 억제될 수 있다. 마지막 세 번째 단계인

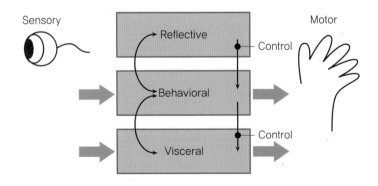

그림 12-3
본능적, 행동적,
반사적 단계의 관계

반사적(reflective) 단계는 가장 높은 단계로 두뇌의 명상적인 부분을 의미한다. 반사적 단계는 외부 입력에 대한 감각(감각 체계)이나 행동에 대한 통제(운동 체계)와 직접적으로 연결되어 있지 않으나, 지켜지고 곰곰이 생각하며 행동적 단계에 영향을 주는 일을 한다.

4) 감성의 측정과 평가

감성을 측정하고 평가하는 데에는 다음의 다섯 가지 범주를 고려해야 한다. 첫째는 역동성(dynamics)이다. 감성은 뇌에서 다른 시간적 메커니즘(timing mechanism)을 가지고 다른 시스템에 의해 생성되며, 시간이 지나면 진화한다. 이것이 감성을 파악하기 어렵게 하는 요소이며, 따라서 감성을 측정하기 위해서는 이러한 동적인 측면을 반드시 고려해야 한다. 둘째는 문맥(context)이다. 감성은 문맥 안에서 일어난다. 따라서 문맥을 파악하는 것이 중요하다. 또한 감성은 개인에 따라 다르며, 개성, 경험, 무드, 심리적 안정감과 관련이 있다. 셋째는 신뢰성(reliability)인데, 감성 반응은 시간에 따라 안정하다는 것을 반드시 입증해야만 한다. 따라서 감성을 신뢰할 수 있게 측정하는 방법을 찾는 것이 필요한데, 어떤 상황에서는 테스트-리테스트(test-retest) 상관관계가 신뢰도의 좋은 측정 방법이다. 넷째는 타당성(validity)으로, 감성은 반드시 측정하고자 하는 바를 측정해야 한다. 감성은 매우 복잡한 반응이기 때문에 감성의 측정은 한 가지 측정에 국한해서는 안 된다. 다섯째는 측정 에러(measurement error)로, 감성의 측정은 우연 오차(random error) 또는 계통 오차(systematic error)가 생기기 쉽다. 우연 오차를 극복하기 위해서는 여러 번 반복 측정하면 되고, 계통 오차를 극복하기 위해서는 피험자 내 분석(within-subject analysis)을 하면 된다. 그러나 상관계수를 계산하기 위해서 평균값을 사용하면 결과가 잘못될 수 있다. 이상과 같은 다섯 가지 사항을 고려하여 심리적, 생리적, 행위적, 물리적 방법으로 감성을 측정하고 평가하여(3장 참조) 디자인에 반영한다.

제품에 의해 유발된 감성의 측정을 위해서는 다양한 측정 방법이 사용되는데,

크게 주관적인 평가법과 객관적인 평가법으로 나눌 수 있다. 주관적 평가법에는 Jordan의 설문지, PANAS(Positive Affect Negative Affect Schedule), PrEmo (Product Emotion measurement instrument) 등이 있으며, 객관적 평가법에는 얼굴표정 분석과 목소리 내용 분석과 같은 방법이 있다.

먼저 주관적 평가법을 자세히 살펴보겠다. Jordan의 설문지는 필립스 디자인 회사(Philips Corporate Design)에 의해 사용된 방법으로, 사용자의 다음과 같은 느낌에 초점을 맞춘 14개의 질문으로 구성되는 설문지로 감성을 측정하는 것이다. 14개의 느낌은 각각 흥미를 불러일으킨다(stimulated), 즐겁게 해 준다 (entertained), 애착을 갖게 된다(attached), 해방감이 든다(sense of freedom), 흥분된다(excited), 만족한다(satisfaction), 신뢰한다(rely), 놓치다(miss), 신뢰가 간다(confidence), 자랑스럽다(proud), 즐기다(enjoy), 안심하다(relax), 열광적인 (enthusiastic), 제품을 보살핀다(looking after the product)이다.

PANAS는 다른 시간 또는 다른 문맥상에서 개인의 긍정적·부정적 감성을 측정하는 방법이다. PA는 열정, 놀람, 활동성 등을 측정하며(attentive, interested, alert, excited, enthusiastic, inspired, proud, determined, strong, and active), NA는 우울, 기분 나쁜 느낌 등과 같은 각각 10개의 설명어(distressed, upset, hostile, irritable, scared, afraid, ashamed, guilty, nervous, and jittery)를 사용한다.

PrEmo는 비언어적이며, 자기보고 양식의 도구로써 14개의 감성을 측정한다. 참가자들은 자신의 감성을 자신들이 느낀 감성과 일치하는 동영상 동물 캐릭터를 선택함으로써 평가한다. 동물 캐릭터들은 움직이는 얼굴과 몸짓 표현을 나타내며, 7개의 긍정적 표현을 하는 얼굴(inspiration, desire, satisfaction, pleasant surprise, fascination, amusement, and admiration)과 7개의 부정적 표현을 하는 얼굴(disgust, indignant, contempt, disappointment, dissatisfaction, boredom, and unpleasant surprise)이 있다. 이것은 후에 감정 네비게이터로 개발되어 디자이너들을 돕는 도구로 활용되었다. PrEmo는 언어를 쓰지 않아도 되므로 문화를 넘어서 사용할 수 있다는 장점이 있다.

객관적 평가법 중 얼굴표정 분석법에는 무수히 많은 방법이 있다. 어떤 표정과 어떤 감성이 일치하는 것인지를 알기 위해서는, 인간의 감성과 얼굴표정의 카테고리를 먼저 이해해야 한다. 얼굴표정 코딩 시스템(FACS)이 얼굴표정 분석법에 속하는데, 얼굴표정이 감성상태, 인지상태, 기질과 성격에 대한 정보를 제공한다는 점에 착안하여 행복한 사용자에 대한 메시지를 전달하는 방법으로 광고에 응용되기도 한다.

목소리 내용 분석법은 감성을 분석하기 위해 사람들의 목소리를 분석하는 방법이다. 때때로 제품에 사용된 목소리 메시지를 디자인하는 것이 중요할 때가 있다. 사람이 말을 할 때 정보의 대부분은 말한 내용에 들어있으나, 여기에 목소리의 스타일, 즉 음의 높이, 소리의 세기, 어조, 박자 등도 말하는 사람의 감성 상태를 알려주는 정보가 된다. 왜냐하면 목소리 자체가 감성 관련 변화에 민감한 신체 프로세스이기 때문이다.

Maffiolo와 Chateau(2003)는 프랑스 텔레콤 오랑주(France Telecom Orange)사를 위해 친근하고, 진실되고, 도움을 줄 수 있는 목소리 메시지 세트를 구축하기 위한 목소리 감성 품질 연구를 실시하였다. 실험에서 20명의 여성 스피커가 2개의 문장을 5가지의 웅변술로 말하게 하였다. 즉, 20×2×5=200 스타일의 음성 메시지를 가지고 실험하였다. 20개의 범주(welcoming, pleasant, aggressive, authoritative, ordinary, warm, clear, shrill, dynamic, exaggerated, expressive, happy, young, natural, professional, speedy, reassuring, sensual, smiling, and stressful)가 평가되었으며, 듣는 사람이 기분 좋은 표현 측면에 대해 평가하였다.

Inanoglu와 Caneel(2005)는 목소리 파형을 음향학적 변수로 분석하였다. 첨단 기술을 사용한 방법으로써 음성 녹음을 디지털화해서 목소리 파형을 음향학적 변수로 분석하고, 심리음향학적 방법으로 분석하는 연구를 실시하였다. 어조, 말하는 속도 등을 분석하여 감정 경보(Emotion Alert)라는 보이스메일 시스템(voicemail system)을 디자인하였다. 이것은 메시지 목소리를 분석해서 그 메시지를 다급한(urgent), 행복한(happy), 흥미로운(excited), 의례적인(formality) 등으로 분류해서 알려준다. 흥분(excitement)과 행복(happiness)은 말하는 속도와 볼륨에 의해서, 의례적인(formality)과 다급한(urgency)은 단어의 선택에 의해서 전달되기 때문에 분류가 가능하다.

2 오감의 변환(CONVERSION)을 통한 제품 디자인

인간의 오감은 서로간에 밀접한 관련을 가지고 있기 때문에, 만일 그들 사이에 일
정한 법칙을 세울 수 있다면 한 가지 감성을 다른 종류의 감성으로 변환하는 것도
가능하다. 유쾌한 감성을 일으키는 소리를 일정하게 대응하는 색으로 변환시킨다
든지, 좋은 향기를 유사한 감성을 표현하는 패턴으로 변환시킨다든지 하는 감성
의 변환이 시도될 수 있는 것이다. 이 장에서는 이러한 감성의 변환을 시도한 예
로 청감성을 시감성으로 변환한 연구를 살펴보려 한다.

Okamoto와 Mori(2000)는 일정한 법칙에 의해 소리를 컬러와 패턴으로 변환시
키는 연구를 진행하였다. 이들이 컬러와 패턴으로 변환하고자 했던 소리는 일상
의 피로나 스트레스를 해소시키는데 도움이 된다고 알려진 1/f 변동리듬(1/f
fluctuation)이었다. 이들은 1/f 변동리듬을 컬러 패턴으로 변환하고 이를 의류에
적용해보려는 시도를 하였다.

이 연구에서 소리는 진동수의 높고 낮음에 따라 각각 대응하는 가시광선 상의
높고 낮은 파장으로 변환되었다. 또한 일정한 프로세스를 거쳐 1차원 신호인 소리

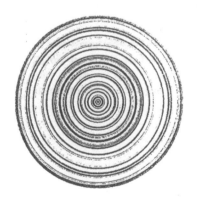

그림 12-4
베토벤 교향곡 9번
"합창"의 변환 예

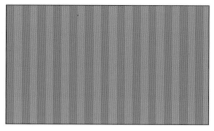
(a) 새소리의 변환

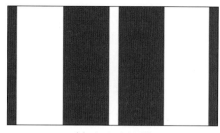
(b) 파도소리의 변환

그림 12-5
컬러 패턴으로 변환된
자연의 소리의 예

를 2차원 신호인 패턴으로 변환시켰다. 데이터의 계산을 위해 FFT(Fast-Fourier Transformation)라는 알고리즘이 사용되었다. 연구팀은 결과적으로 원형의 색채 패턴이 일정한 간격을 가지고 퍼져 나가는 형태와 왼쪽에서 오른쪽으로 일정한 간격을 가지고 퍼져 나가는 형태의 2가지 색채 패턴의 결과물을 만들어냈다(그림 12-4). 또한 개발된 프로그램을 활용해 새소리와 파도소리, 베토벤 교향곡 9번 등을 색채 패턴으로 변환해 선보였다.

오감의 변환을 통한 감성 디자인의 다른 예로, 이명은과 조길수(2009)의 연구에서는 청감의 시각화를 통해 감성 직물을 디자인하려는 연구가 이루어졌다(그림 12-5). 이들은 인간의 감성에 기반해 새소리, 풀벌레소리, 파도소리, 빗소리, 바람소리 등 자연의 소리를 직물 디자인 요소인 컬러 패턴으로 변환시켰다.

연구를 자세히 살펴보면, 우선 FFT 분석을 통해 위에서 기술한 5종의 자연의 소리에 대한 물리적·심리음향학적 특성이 분석되었다. 다음으로 감성은 생리신호 중 하나인 뇌전도(EEG)를 통해 측정되었다. 감성 측정을 위해 EEG 측정 실험이 실시되었는데, 각각의 피험자들은 실험실 내에서 EEG 측정 장치를 착용한 채로 컬러 자극물을 보고 자극이 끝난 후 감성 분석을 위한 설문지에 응답하였다. 컬러 자극에 대한 감성 측정 후에 같은 방법으로 자연의 소리를 들려주며 실험을 실시하고 설문지에 응답하는 형식으로 실험이 진행되었다.

측정된 2종의 데이터(소리의 특성 데이터와 감성 측정 데이터)는 각각의 분석 방법을 거친 후 통계적인 방법으로 서로 매치되었다. 결과적으로 5종의 소리 자극 중 3종이 제시된 색 자극과 매치되어 변환되었는데, 새소리는 녹색(green), 파도

소리는 붉은색(red), 빗소리는 붉은 보라색(red-purple)으로 변환되었다. 색으로 변환된 소리는 역시 소리에서 느껴지는 감성을 기반으로 간단한 직물 패턴에 적용되었다. 직물 패턴은 그 종류가 매우 다양하므로 이 연구에서는 블록 스트라이프로 종류를 한정해 그 폭과 반복되는 횟수, 배경색과의 대비 등을 변환시켜 원하는 감성을 표현하였다. 그 결과를 바탕으로 최종적으로 소리가 컬러 패턴으로 변환되었다.

김춘정, 최계연, 김수아, 조길수(2002)는 다양한 견직물의 스치는 소리를 색채로 변환하여 변환된 색채의 물리량과 감성에 대해 연구하였다. 또한 2차원 모형을 제시하여 감각/감성과 직물의 관계를 시각화하였다. 피험자를 대상으로 변환색채에 대한 감각과 감성을 평가하도록 하였으며 색채의 물리량은 홍색비율(Red Portion, RP), 녹색비율(Green Portion, GP), 청색비율(Blue Portion, BP)과 색채빈도수(Color Count, CC)를 계산하였다.

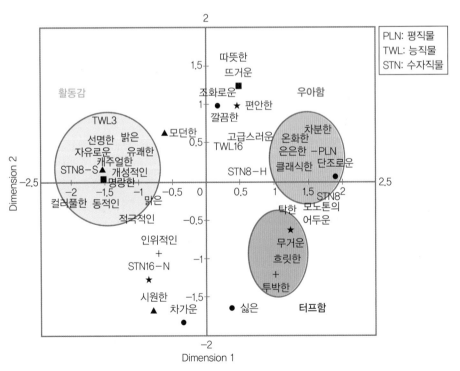

그림 12-6
소리를 변환한 색채에
대한 감성 형용사에
직물을 대응시켜
시각화한 2차원 모형

연구 결과, 감성차원에 대하여 활동감, 우아함, 터프함의 세 요인이 도출되었다. 활동감 차원은 GP, CC와는 정적인 상관을 보였으며, 능직물과 견방사의 교직물을 가장 활동적이라고 평가하였다. 우아함 차원은 RP와는 정적 상관을, CC와는 부적 상관을 보였으며 수자직물과 평직물이 가장 우아하다고 평가되었다. 터프함 차원은 RP와 높은 정적 상관을 가졌다. 능직물과 같이 색채 빈도수가 많고 홍색비율과 녹색비율이 많은 변환색채를 선호하였다.

이 연구에서는 색채에 대한 감각, 감성 형용사에 시료를 대응시켜 동일공간에 표현하여 〈그림 12-6〉과 같이 2차원으로 시각화하였다. 이 그림은 각 시료별 색채에 대한 감각과 감성을 구체적으로 제시하고 있어서 소재 기획 시 유용한 자료로 활용될 수 있을 것이다.

13장

감성제품 디자인의 예

학습목표

1. 쾌적한 감성의류를 설계하고자 시도한 예에 대해 살펴본다.
2. 오감의 시각화를 통해 웹사이트 디자인을 시도한 예에 대해 살펴본다.
3. 세탁기, 식기세척기 등 생활가전 시스템 관련 감성 디자인의 방법론을 학습한다.

쾌적성 향상에 주목하여 첨단과학기술과 감성의류과학을 이용한 새로운 의류가 활발하게 제품화되고 있다. 예를 들어 걷는 방법에 따라 인체의 대사량을 증가시키거나 특정 향기를 활용하여 인체의 지방을 태우는 의류, 부드러운 촉감으로 인체를 릴랙스시키는 의류와 같이 압박, 향기, 촉각 등의 자극이 우리 몸이나 마음의 쾌적성을 만족시키는 의류제품이 개발되어 판매되고 있다.

생산자가 의도적으로 향상시킨 쾌적성이 사용자에게 잘 전달되어 서로 공감함으로써 만족스러운 마음을 갖는 것이 하나의 감성가치라고 할 수 있다. 그러나 아무리 특정한 영역의 쾌적성을 향상시킨 의류제품일지라도 받아들이는 사용자가 그 기능의 필요성을 받아들이지 않으면 감성가치가 높다고 할 수 없다. 또한 다양한 사용자들이 서로 다르게 느끼고 받아들여 선호도의 특성이나 차이가 큰 영역이나 기능을 향상시킨 의류는 그 기능을 개선한다고 해서 모든 사람이 공감하지는 않는다. 그러므로 의류 사용자가 감성가치로써 받아들일 수 있는 쾌적성과 관련된 기능, 대부분의 사람들이 공감하는 쾌적성과 관련된 감성가치 그리고 개인차를 갖는 쾌적성과 관련된 감성가치를 각 개인에 맞게 향상시킬 수 있는 방법 등에 대한 연구가 이루어져야 한다.

이 장에서는 쾌적한 감성의류 개발에 요구되는 기술과 그 과정을 이해하고 이를 바탕으로 브래지어와 골프의류 개발에 활용된 쾌적한 감성의류 개발 사례를 학습하며, 오감의 시각화를 통한 감성 디자인과 생활 가전 시스템 감성 디자인의 예에 대해 살펴본다.

감성적 쾌적성 디자인 1

1) 와코루의 감성 브래지어 개발

일반적으로 의류업체에서는 맞춤옷을 만드는 곳의 경우 한 사람이 하고 있는 기획에서 설계, 생산, 판매까지의 작업을 여러 명의 담당자가 분담하고 있다. 대상이 되는 소비자의 경우도 맞춤옷을 만드는 사람의 경우 한 사람이지만, 의류업체에서는 불특정다수이다. 이와 같이 주문복과 기성복, 단품생산과 대량생산이라는 차이가 있으나, 맞춤옷을 만드는 사람과 의류업체 모두 자신들이 완성한 옷을 착용자가 마음에 들도록 하는 것이 목적이라는 점에서는 같다.

의류업체도 맞춤옷을 만드는 사람과 같은 밀접한 커뮤니케이션을 소비자와의 사이에 교환할 수 있는 것이 이상적이다. 이를 실현하기 위해서 첫 번째로 업체의 기획, 생산, 판매 등의 담당자가 유기적으로 연결되어 있어, 마치 한 사람이 일을 하는 것과 같은 상태를 만드는 것이 필요하다. 두 번째로 사용자 개개인이 맞춤옷을 만드는 사람과 대화하는 것과 같이 손쉽게 자신의 요구나 바람을 주고받는 상태, 즉 소비자와 의류업체가 1 대 1로 대화할 수 있는 상태를 만드는 것이 필요하다. 이들 2가지 사항은 감성의류과학의 필요성과 일맥상통하는 것으로 본 장에서는 착용감을 평가하여 의류의 쾌적성을 분석하기 위해 필요한 척도화의 방법과 그 사례를 와코루의 브래지어 디자인을 통해 소개하고자 한다.

(1) 착용감 분석과 디자인

착용감 분석은 감각계측 또는 관능검사라고 불린다. 즉 인간의 촉각이나 시각이라는 감각기를 측정 도구로 사용하는 것으로, 의류의 평가나 분류를 목적으로 하는 분석방법이다.

① 피험자(착용자)의 선정

언더웨어는 여성의 피부에 직접 닿을 뿐만 아니라 의복압으로 체형을 보정할 수 있는 의류이기 때문에, 먼저 여성의 인체형상을 정확하게 파악하는 것이 필요하다. 와코루에서는 인체형상을 파악하기 위한 측정방법으로 마틴계측기(1차원 분석), 실루엣 분석장치(2차원 파악), 3차원 계측장치(3차원 파악)의 3가지 방법을 채택하고 있다.

이들 방법에 의해 수집된 약 3만 명의 측정치를 컴퓨터로 분석해 보면, 여성의 신체는 연령이나 사이즈에 따라 체형이 다를 뿐만 아니라 JIS사이즈 규격에서 동일한 사이즈로 판정된 사람이라 해도 다양한 체형이 혼재하고 있는 것이 명확해진다. 착용감 분석 시에는 이러한 인체형상 분석결과를 바탕으로 피험자를 추출해야 한다.

즉, 체형이 한쪽으로 치우쳐 있지 않으면서 그 언더웨어의 착용대상이 되는 모집단에 가능한 한 가까운 샘플링으로 피험자를 선택해야 한다.

② 착용샘플(언더웨어) 선정

브래지어의 전체 형상을 파악하지 않으면 세상에 있는 모든 브래지어의 축도가 될 수 있는 샘플링이 필요하고, 소재에 의한 착용감의 차이를 파악하지 않으면 같은 설계도에서 다른 소재의 브래지어를 준비해야만 한다.

③ 분석법 선정

착용감 분석에는 다양한 방법이 있다. 연구자는 이들 방법 중에서 분석목적에 가장 적합한 방법을 선택할 필요가 있다. 예를 들면, 브래지어의 전체 상을 파악하고 싶으면 SDS법, 각각의 상세한 비교가 필요하면 일대일 비교법과 같이 목적에 따라 선택해야 한다. 또한 분석법에 따라 피험자나 착용샘플의 선택기준도 바뀌어야 한다. 기호형의 제품을 평가는지, 제품의 좋고 나쁨을 조사하는 분석형의 평가인지에 따라 사용자에게 요구하는 능력이 달라지기 때문이다.

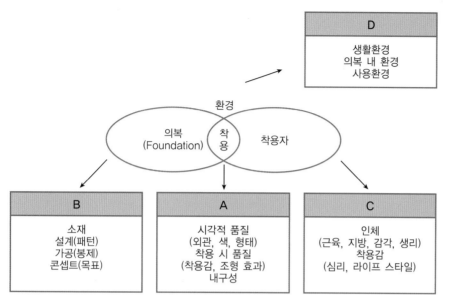

그림 13-1
착용감 분석을 통한
품질의 정량화

이상의 것을 확실하게 파악한 후에 착용감을 분석하면 매우 재현성이 높은 결과를 얻을 수 있고 척도도 충분히 사용할 수 있다. 또한 제품의 분류나 평가가 용이하게 되어 품질이 좋은 제품이나 많은 사람들이 만족할 수 있는 제품을 모두 추출해낼 수 있다. 그러나 이것만으로는 아직 제품 설계에 기여하고 있다고는 할 수 없다. 이 단계에서는 완성된 제품을 체크하는데 지나지 않는다.

의류제품 만들기에 활용할 수 있는 착용감 분석을 위해서는 기회 또는 설계단계, 즉 제품을 만들기 전 단계에서 예측할 수 있어야 한다. 이를 위해서는 〈그림 13-1〉에서 설명한 것과 같은 의류와 사람 사이에 A에서 D까지의 각 항목에 관한 모든 것을 정량적이면서 구체적으로 파악해야 한다. 그에 따라서 콘셉트(concept making)가 확실해지기 때문이다.

와코루는 기획단계에서 하나하나의 언더웨어에 관하여 [이 제품은 특성(C)를 갖는 소비자가, 환경(D)에서, 품질(A)를 느끼게 하고 싶다]라는 목표를 설정한 후에, 그 목적을 효과적으로 실현할 수 있는 [소재, 설계, 가공법]을 조합시켜서 결정하고 있다. 따라서, 이는 일련의 작업(concept making)에서 〈그림 13-1〉의 각 요소를 구체적이면서 정량적으로 파악하면 할수록 목표가 확실하게 좁혀질 수 있어

목표를 달성하기 위한 수단도 효율적으로 선택할 수 있다.

또한, 착용분석 등을 사용하여 품질을 정량화하는 것은 디자이너의 창조성을 높이는 것과 연결된다. 〈그림 13-1〉의 A의 사선 오른쪽 아랫부분은 컴퓨터로 대체시켜 시스템화 할 수 있다. 그러나 사선의 왼쪽 윗부분은 컴퓨터로 대신할 수 없는, 즉 '인간만이 할 수 있는 일', '인간이 감성을 구사하여, 창의적 연구를 해야 하는 일'이며, 디자이너는 이 부분에 2배의 파워를 발휘할 수 있다. 그 중에서도 '보았을 때'에 느끼는 품질에 대하여 대부분의 힘을 집중할 수 있도록 될 것이다.

2) 착용감 분석과 마케팅

착용감 분석을 활용하여 물건을 만드는 것은 다양한 효과를 가져오지만 완전하다고는 할 수 없다. 완성된 제품 하나 하나를 원래의 목표대로 소비자에게 제공할 수 있을 때 비로소 목표가 달성되기 때문이다.

와인을 구입할 때, 라벨에 표시된 '달다-쓰다'의 5단계 표시를 참고로 하는 것과 같이 와코루의 브래지어도 '자연스럽게 감싼다'에서 '확실하게 보정한다'까지의 3단계로 표시하여 소비자에게 착용감 분석의 중요함을 강조하고자 한다. 이렇게 함으로써 소비자는 자신에게 딱 맞는 착용감을 주는 브래지어를 선택할 수 있다. 그러나 이것도 약 60%의 여성이 자신에게 맞지 않는 사이즈의 브래지어를 착용하고 있다는 통계를 볼 때 효과를 거두기 어렵다. 와코루가 인체 및 제품의 지식을 가지고 소비자 개개인의 [몸]과 [마음]에 딱 맞는 제품을 선정하도록 교육된 판매원을 전국의 백화점이나 전문점에 파견시켜 소비자와의 대면 판매를 추진해 온 것은 이 같은 배경 때문이다. 최근의 소비자는 '상담하면 사야만 한다', '바쁘기 때문에', '부끄럽기 때문에'라는 이유로 대면 판매를 원하지 않아 자유롭게 고를 수 있는 매장이라 카탈로그 판매를 희망하는 경향이 있다. 따라서 이와 같은 판매시점에서의 소비자 심리를 고려하여 고객을 대하는 방법이나 제품 전시법을 연구하여, 소비자가 가벼운 마음으로 바른 사이즈의 브래지어를 선정할 수 있도록 하고 있다.

그 일례가 PC(Proportion Clinic)룸이다. PC룸은 신체의 상담코너와 같은 것으로, '자신의 프로포션을 아름답게 하고 싶다'는 소비자의 바디라인에 관하여 있을 수 있는 모든 상담을 접수하는 것이다. 이 룸 안에서는 소비자의 2차원 신체형상을 파악하는 실루엣 분석장치와 착용감 분석으로 분류된 시착용 이너웨어를 선택하여, 소비자와 상담원이 1 대 1로 느긋하게 이야기할 수 있는 분위기를 만들고 있다. 이와 같은 착용감 분석이라는 지표는 제품을 만드는 것에서부터 판매에 이르기까지 다양하게 활용되고 있다. 그러나 이 지표는 각 기업이 그 품종마다 또는 대상이 되는 착용자마다 스스로의 힘으로 완성시켜야 한다.

지표를 만드는 일은 매우 어려운 작업이겠지만 과학의 진보로 인해 지표를 만드는 도구는 쉽게 손에 넣을 수 있다. 따라서 현재 각 기업이 한번 더 '소비자의 입장에 서서 제품을 만들어 판매한다'라는 원점으로 되돌아가는 것, 그리고 기업의 연구자는 "기업과 소비자의 커뮤니케이션의 주체는 하나 하나의 제품이며, 그 판매방법이다"라는 것에 초점을 맞추는 것이 이상적이다.

3) 감성 골프 웨어 개발

스포츠용 의류에 스포츠 특유의 다양한 기능이 포함되어 있는 것은 당연하다. 현재, 건강지향이라는 스포츠 붐을 타고, 일반 의류분야나 소매분야 그리고 그 외의 다른 분야의 업체가 많이 참가하게 되어 시장이 확대되었다. 반면, 이러한 일부 제품을 얼핏 보면 스포츠 의류같이 보여도 패션과 가격파괴에 치중하여, 사용자가 스포츠 의류에서 추구하는 본래의 기능을 만족시키지 못하는 것도 많다. 가격 파괴의 시장에 이러한 제품이 포화상태에 달한 지금, 전문 업체는 사용자가 본래의 의미에서 만족하는 기능을 가진 '본래의 스포츠 의류'를 얼마나 낮은 가격으로 공급할 수 있는 가를 고민할 필요가 있다.

스포츠 의류의 개발에 있어 사용자의 니즈를 보다 만족시켜 쾌적한 스포츠 라이프를 제공하기 위해서는, 본래의 개발방법에서 탈피하여 새로운 방법에 의한 제품개발이 필요하다. 따라서 본래의 사용자 니즈를 만족시키기 위한 제품개발을

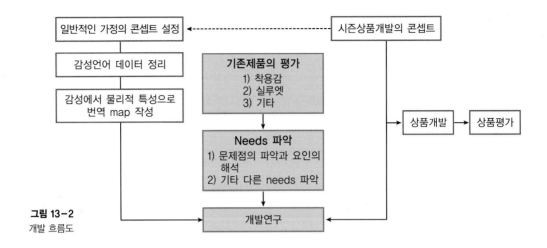

그림 13-2
개발 흐름도

추진하기 위해서 감성과학에 의한 개발방법을 도입하였다. 스포츠 의류는 감성품질과 기능품질이 융합됨과 동시에 가격과의 균형이 중요하지만, 너무 앞서가고 있는 패션과 가격에 눌리고 있는 기능품질의 재구축이 필요하다고 생각된다. 감성품질뿐만 아니라 기능품질에 관한 니즈도, '타기 쉬운 스키 웨어', '스윙하기 쉬운 골프 웨어', '헤엄치기 편한 수영복', '움직이기 쉬운 트레이닝 웨어' 등 구체성이 결여된 내용이 많다. 이와 같은 애매한 감각으로 표현되는 기능품질을 충족시키기 위해서는, 감성과학적 어프로치에 의한 제품개발을 추진하는 것이 필요하다. 여기서는 감성과학적 방법을 적용한 사례로 골프용 폴로셔츠의 개발을 소개한다.

〈그림 13-2〉는 골프용 폴로셔츠의 개발과정을 나타내고 있다.

(1) 감성을 물리적 특성으로 번역

〈그림 13-2〉의 개발 흐름도에 있는 것과 같이 '움직이기 쉽고 쾌적한 골프 셔츠'로 일반적인 개발 콘셉트를 설정하여 생각할 수 있는 감성언어 데이터를 정리하고, 〈그림 13-3〉에 나타낸 일반적인 '감성을 물리적 특성으로 번역하는 맵'을 작성하였다. 번역 맵에 의하면, 분석결과에 맞는 시즌 개발을 선행하고, 한편으로는 시

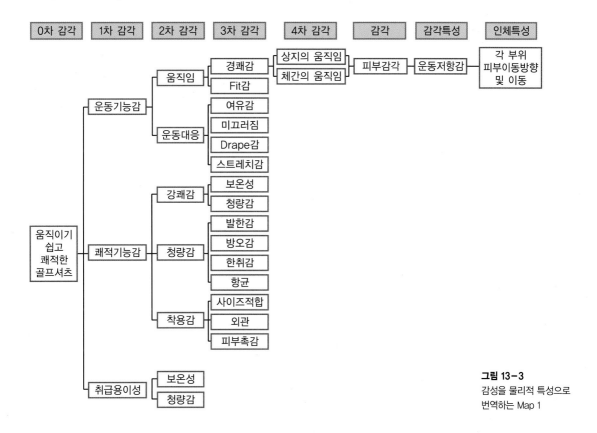

0차 감각	1차 감각	2차 감각	3차 감각	4차 감각	감각	감각특성	인체특성

그림 13-3
감성을 물리적 특성으로
번역하는 Map 1

장동향(needs)으로부터 도출된 시즌마다의 제품개발 콘셉트에 맞추어 개발한다.

시즌마다의 제품개발 콘셉트와 골프 웨어에 관한 '감성으로부터 물리적인 특성을 번역하는 map'을 제작하여 구체적인 개발 테마를 좁혀간다. 시즌 제품기획 콘셉트에 따라 다르지만 거의 대부분의 경우, 동시에 복수의 개발 테마에 걸쳐 종합적인 개발을 추진하고 있다.

(2) 골프 웨어의 기능 디자인

구체적으로 좁혀진 개발테마의 "제로에서 n차 감성"에 대하여 〈그림 13-4〉에 나타낸 감각, 감각특성, 평가방법 · 기준에 관하여 구체적인 물리량을 설정하여 제품설계를 실시한다.

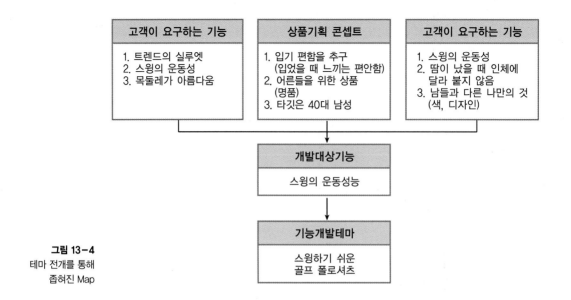

고객이 요구하는 기능	상품기획 콘셉트	고객이 요구하는 기능
1. 트렌드의 실루엣 2. 스윙의 운동성 3. 목둘레가 아름다움	1. 입기 편함을 추구 　(입었을 때 느끼는 편안함) 2. 어른들을 위한 상품 　(명품) 3. 타깃은 40대 남성	1. 스윙의 운동성 2. 땀이 났을 때 인체에 　달라 붙지 않음 3. 남들과 다른 나만의 것 　(색, 디자인)

개발대상기능

스윙의 운동성능

기능개발테마

스윙하기 쉬운
골프 폴로셔츠

그림 13-4
테마 전개를 통해
좁혀진 Map

① 골프 스윙의 해석

골프 스윙에서 팔의 움직임, 예를 들면 테이크 백(take-back) 동작에서는 동작이 진행됨에 따라 소매의 끝부분이 윗팔에 닿아 저항이 생기는 것을 알 수 있다. 골퍼의 신장에 따라서 그 값이 다르지만, 180cm 정도의 사람은 그립핸드(griphand)의 높이가 90cm에 도달하였을 때 주름이 생기기 시작하여, 135cm에서는 팔에 상당한 저항을 느낀다. 이것은 '스윙하기 어려운 골프 웨어'라는 감성적 표현이 되어 제품평가에 직접적으로 돌아온다. 어느 스윙 위치에서 어느 정도 저항이 생기는지, 어느 만큼의 저항이 허용되는지를 실측하여 평가기준으로 설정한다.

② 동작계측

골프 스윙에서 의류에 의한 동작저항은 스윙 동작 시의 신체 각 부위의 피부 이동 방향 이동량과 의류설계구조와의 차이에 의한 것이기 때문에, 그 이동 방향과 이동량이 의류설계에 충분히 반영되어 있어야 한다. 인체에 그리드(grid)를 기입하여 스윙 동작 시의 피부 움직임을 계측하고, 소재의 신축성을 고려한 상태에서 패턴 구조를 설계하는 것이 중요하다.

물리적 특성				골프 폴로셔츠 설계기술 특성			
n차 감각	감각	감각특성	인체특성	소재특성	제품특성	계측방법 및 기기	평가방법 및 기준
상지의 움직임	피부 감각	운동저항 감각도	각 부위의 피부 이동 방향 및 이동	신축성	패턴설계	모니터	팔의 저항감각이 "0"에 가까움

그림 13-5
감성을 물리적 특성으로
번역하는 Map 2

③ 동작·의류 패턴의 관련해석

그리드가 들어간 의류를 착용하고 스윙하였을 때 스윙 동작, 의류, 패턴의 상호 관련성을 해석하여, 움직임 계측 테마와 합쳐서 소재 설계, 패턴 설계를 실시한다.

④ 제품평가

전술한 모든 연구를 바탕으로 이끌어낸 데이터에 의해, 아래의 ⓐ와 ⓑ를 추진하여 아래와 같은 결과를 얻었다.

  ⓐ 파 그립의 설계, 시작품 제작
  ⓑ 패턴 설계, 시작품 제작

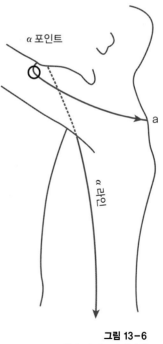

탑스윙 동작에서는 기존 제품이 그립핸드의 높이 145cm에서 큰 저항이 있어 많은 주름이 발생하지만, 개발제품은 155cm의 탑스윙의 높이에서도 윗팔 부위의 저항이 없고, 주름의 발생이 큰 폭으로 삭감되고 있다. 그리고 그립의 성능평가 데이터에서 기존 제품은 120cm에서 저항임계($8g/cm^2$)에 달하였으나, 개발 제품에서는 각각 140과 155cm로 대폭 임계점이 향상되었다.

이 개발제품의 특징은 재단선(cutting line)인데, 그 특징적인 라인이 〈그림 13-6〉과 같이 그 특징적인 라인이 등의 어깨 포인트에 의해 전방

α 포인트

a

α 라인

그림 13-6
알파 컷 셔츠의 재단선

상완부 알파(α)를 지나 허리 뒷부분까지 이어져 있다. 그 흐름이 알파와 닮아 "알파 컷(α cut) 셔츠"라고 이름 지어져 많은 제품으로 전개되고 있다.

2 오감의 시각화 감성 디자인

인터넷의 발전은 기업들이 그 사이즈나 국적에 관계없이 웹을 통한 전자상거래 방식으로 세계 어느 곳의 소비자에게나 닿을 수 있는 기회를 제공하였다(Hwang, Jung & Salvendy, 2006). 그러나 전자상거래 영역에서 의류제품이 차지하는 비중은 다른 제품들에 비해 현저히 낮은데, 그 이유는 사람들이 의류제품의 구매에 있어 직접 만져보고 느껴보고자 하는 욕구를 느끼며 이를 충족시키지 못하는 웹상의 구매에 대해 위험을 느끼기 때문이다(Estlick and Feinberg, 1999). 즉, 전자상거래를 통한 의류의 구매가 소비자의 모든 감성을 만족시키지 못하고 있는 것이다. 이 장에서는 이러한 문제점을 해결하고 웹상에서도 의류 구매자의 촉각 감성을 만족시키고자 시도한 연구를 소개하려 한다.

정경아, 장세은, 채진희, 조길수, 살벤디(2008)의 연구에서 연구팀은 2개의 대중적인 의류를 판매하는 웹사이트 갭(www.gap.com)과 앤트로폴로지(www.anthropologie.com)를 선정하여 일반적인 정보만을 주었을 경우, 그리고 부가적인 시각 정보를 주었을 경우에 피험자들이 정확한 제품 정보를 인식하는데 어떠한 차이가 있는지를 연구하였다.

연구팀은 우선 실험 대상으로 2개의 의류 판매 사이트에서 스웨터를 각각 한 벌씩 선정하였다. 2개의 스웨터 샘플과 이들과의 비교를 위한 울 100%, 면 100% 소재의 총 4가지 시료가 촉감을 시각화하기 위한 평가에 사용되었다.

부가적인 시각 정보를 웹사이트에 추가하기 위해 다음과 같은 과정이 먼저 시행되었다. 첫째, 위에서 선정된 4가지 시료에 대해 KES-FB 시스템을 사용해 17개의 물리적 속성이 측정되었다. 측정된 물리적 속성들을 통해 촉감의 시각화를 위한 3가지의 기본태(Primary hand value)가 선정되었는데, 이들은 후쿠라미

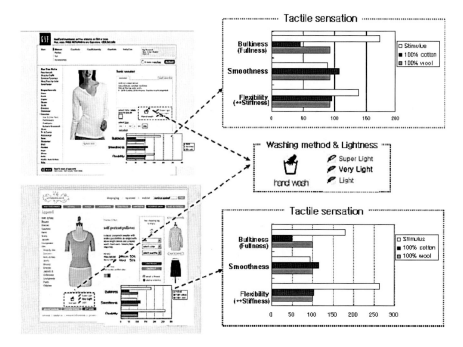

그림 13-7
촉감정보가 추가된
웹사이트 디자인

(fullness)와 누메리(smoothness), 고시(stiffness)였다. 선정된 3가지 기본태는 울 100%를 기준(100)으로 삼아 각각 유연함(flexibility), 부드러움(smoothness), 벌키성(bulkiness)의 3가지 촉감 감성 수치로 변환되었다. 변환된 수치를 토대로 피험자들이 시각적으로 촉감정보를 비교할 수 있게 한 바차트 형태의 정보가 기존의 웹사이트에 추가되어 실험에 사용되었다〈그림 13-7〉.

　실험은 총 160명의 20대 한국인 여학생을 대상으로 이루어졌다. 실험은 2가지 방법으로 이루어졌다. 첫 번째 실험은 촉감정보가 웹사이트에 포함되는 것이 소비자들의 의류 선택에 도움을 줄 수 있는지를 실험한 것이다. 실험을 위해 피험자를 두 부류로 나누어 첫 번째 피험자 그룹에겐 일반적인 웹사이트 상의 정보만을 보고 사이트 상에 제시된 의류를 어떻게 인지하는지 평가할 수 있는 질문지에 응답하게 하였으며, 두 번째 피험자 그룹에겐 위에서 개발된 촉감 감성의 시각화 정보를 담은 바차트를 추가한 웹사이트를 보여주고 같은 질문지에 응답하게 하였다. 두 번째 실험은 웹사이트에 추가된 촉감정보가 직접 의류를 만져보고 평가한 것과 유사한 효과를 내는지를 평가한 것이다. 이를 위해 먼저 피험자들에게 바차트가 추가된 웹사이트의 정보만을 보고 질문지에 응답하게 하고, 직접 사이트에 제시된 의류를 주고 만져보게 한 뒤 다시 같은 질문지에 응답하게 하는 형식으로 실험이 이루어졌다.

실험 결과는 다음과 같다. 먼저 첫 번째 실험의 경우, 일반 웹사이트만을 보고 평가한 것과 촉감정보가 추가된 웹사이트를 보고 평가한 것 사이에는 의미 있는 차이가 나타났다. 이 결과는 웹사이트 상에 촉감정보를 추가하는 것이 소비자들이 의류를 선택하는데 도움이 되는 보다 정확한 감성 정보를 제공할 수 있다는 것을 의미한다. 두 번째 실험의 경우, 촉감정보가 추가된 웹사이트만을 보고 평가한 것과 의류를 직접 만져보고 평가한 것이 의미 있는 차이를 보이지 않았는데, 이것이 의미하는 것은 본 연구에서 개발된 촉감정보 자료가 실제 의류를 보고 평가하는 것과 같은 효과를 정확하게 발휘한 것으로 해석할 수 있다.

백민주 외(2011)는 천연 착색 유기면(Naturally Colored Organic Cotton, NaCOC)을 사용해 촉감의 시각화를 통한 웹사이트 디자인을 시도하였다. 갈색 NaCOC 직물의 KES-FB 측정치를 통해 촉감을 시각화한 바차트와 줌인 기능이 포함된 웹사이트를 이미지만 포함된 사이트와 이미지와 줌인 기능이 포함된 웹사이트와 비교함으로써 촉감의 시각화에 대한 효과를 측정하고자 하였다. 3가지 웹사이트 디자인을 각각 웹사이트만을 보여주었을 때와 직접 해당 직물을 만지게 하였을 때를 비교하였다. 실험 결과, 바차트와 줌인 기능이 모두 포함된 웹사이트를 평가할 때 사람들이 가장 긍정적인 감성으로 평가하였으며, 실제로 직물을 만져서 느낀 감성과 웹사이트 상에서 느껴진 직물의 감성도 가장 일치하는 것으로 평가되었다. 따라서 바차트를 통한 촉감의 시각화 정보가 웹사이트에 포함되면 소비자들이 좀 더 실제 의류의 촉감에 가까운 정보를 접할 수 있어 구매율을 높이고 반품률을 낮추는 데 도움이 된다고 할 수 있다.

생활가전 시스템 감성 디자인 3

의류제품과 같이 늘 일상생활에서 사용되고 있는 많은 생활용품의 설계에 인간의 감성을 고려한 디자인의 중요성이 점점 부각되고 있으며, 최근에는 인간의 오감을 자극하는 감성적인 성능의 설계에도 감성과학의 활용이 시작되고 있다. 생활 가전 시스템의 감성적인 디자인과 성능은 제품의 호감도와 판매율에도 매우 큰 영향을 미친다.

1) 세탁기

20세기 초 모터에 의해 구동되는 전기 세탁기의 개발을 시작으로 제2차 세계대전 이후 본격적으로 보급되기 시작한 세탁기는(산업자원부, 1998), 국내에서 1966년 첫 생산 이래 1980년대 이후 보급률이 급속하게 증가하여 2006년에는 98%를 초과할 정도의 성숙기에 접어들게 되었다(삼성경제연구소, 2006). 감성에 대한 요구는 세탁에 있어서도 예외는 아니어서 이제 세탁기는 "깨끗하게 빨아져야 한다"라는 기존의 범주에서 더 나아가 빨았을 때 "느낌이 좋은 세탁"이라는 감성기능이 강조되고 있다. 즉, 세탁 후에도 의류의 손상이 적어 언제나 새 옷 같은 느낌을 줄수 있는 기분 좋은 세탁이 되어야 소비자의 감성을 만족시킬 수 있는 것이다.

이를 위해 세탁 시 의류 손상에 영향을 미치는 물리적 속성들과 소비자의 감성에 영향을 미치는 정도를 정량화하고, 손상저감, 촉감유지 등과 관련된 세탁 방법의 평가와 규격정립을 위한 연구가 필요하며 본 장에서는 이를 시도한 연구를 소개하려고 한다.

조길수 외(2005)의 연구에서 연구팀은 세탁에 따른 의류 손상 메커니즘과 감성 평가법을 규명하기 위해 의류소재로 많이 쓰이는 6종의 직물을 드럼식 세탁기와 와류식 세탁기를 이용해 세탁하고, 세탁 조건에 따른 물리적인 태의 변화와 주관적 감성의 변화를 측정하였다. 연구 결과, 세탁 시 사용자에 의해 제어가 가능한 여러 요인들의 직물별 최적 조합을 찾아내었으며, 직물의 물리적 성능으로부터 감성을 예측할 수 있는 평가법을 정립하였다.

실험에 사용된 시료는 면(100%), 방추가공 된 면(100%), 양모(100%), 폴리에스테르(100%), 방오가공된 폴리에스테르(100%), 폴리에스테르(65%)와 면(35%) 혼방직물의 총 6종이었다. 시료(25cm×25cm)는 세탁 전 시료 6종과 다구치 실험계획에 의해 세탁된 시료 240개를 합하여 총 246개의 시료가 사용되었다.

S사의 드럼식 세탁기와 와류식 세탁기가 세탁 실험을 위해 사용되었으며, 세탁 실험에 사용된 인자는 세탁 시 사용자에 의해 제어가 가능한 인자들로 제한하였다. 세탁 시 가장 빈번하게 사용되는 인자들은 기계력의 크기, 탈수력의 크기, 세탁 시간, 세제 종류, 세제 농도, 물의 온도였다. 드럼식 세탁기의 경우 위의 6가지 인자가 모두 세탁인자로 사용되었으며, 와류식 세탁기의 경우 기계력, 탈수력, 세탁 시간이라는 세탁인자가 실험에 적용되었다. 세탁 후 직물의 물리적 태의 변화는 KES-FB 시스템을 사용해 인장, 굽힘, 전단, 표면, 압축, 두께 및 무게의 6가지 특성을 표준조건에서 계측하였으며, 이 값을 토대로 하여 감각 평가치(Primary Hand Value, PHV)와 종합태(Total Hand Value, THV)를 산출하였다. 주관적 감성평가는 세탁 전, 후 직물에 대해 의미미분척도법(SDS법)과 자유식크기평가법(FMME법)에 준하는 감성평가를 실시하여 소비자들이 직물에 대해 느끼는 손상의 정도를 분석하였다.

연구 결과 직물별로 최적의 세탁조건이 제시되었다. 대표적으로 면직물의 경우를 살펴보면 드럼식 세탁기로 세탁했을 경우 직물의 물리적 손상을 최소화할 수 있는 세탁인자의 조합은 기계력의 크기 30rpm, 세탁 시간 45분, 세제 종류 울 전용 세제, 세제 농도 규정 농도 2배, 물의 온도 60℃였다. 직물의 물리적인 성능 중 압축 에너지, 평균 마찰계수, 최대하중 시 신장성, 두께, 표면 거칠기에 의해 '투박함'이라는 주관적 감성이 영향을 받았으며, 인장 회복성, 굽힘강성, 최대하중 시 신장성이 '후줄근함'에 영향을 미치는 요소였다.

와류식 세탁기를 사용할 경우 면직물의 물리적 손상을 최소화하기 위해서는 기계력의 크기 최강, 탈수력의 크기 3분, 세탁 시간 10분으로 나타났다. 또한 직물의 물리적 성능 중 무게, 압축 에너지, 최대하중 시 신장성, 방추도, 압축 선형성, 평균마찰계수에 의해 '보풀감'이라는 주관적 감성이 영향을 받았으며, '후줄근함'은 두께에 의해 예측되었다.

6종의 직물의 실험 결과를 종합해 보면, 세탁 시 직물의 물리적 손상에 영향을 미칠 수 있는 인자들은 기계력이나 탈수력보다는 세탁 시간, 세제 농도, 세제의 종류, 그리고 물의 온도인 것으로 나타났다. 또한 드럼식 세탁기와 와류식 세탁기의 경우 세탁 후 직물의 물리적인 성능이 각각 다르게 변화함으로써 주관적인 감성의 변화도 다르게 나타났으며, 이에 따라 직물의 물리적 성능으로부터 예측할 수 있는 감성의 범위도 각각 다르게 나타났다.

2) 식기세척기

식기세척기가 다른 생활가전 제품에 비해 보급률이 떨어져 국내 주요 소비자인 30~50대 주부들에 대한 사용성, 생활문화적 측면에서의 감성에 대한 심층적인 분석이 많이 이루어지지 않고 있다.

조길수, 지용구(2006) 외는 QFD(Quality Function Deployment, 품질기능전개) 방법론을 활용해 소비자의 감성에 기반한 사용성 평가 항목을 도출함으로써, 식기세척기 개발 시 소비자의 감성을 최대한 고려하여 효과적으로 사용성을 평가할

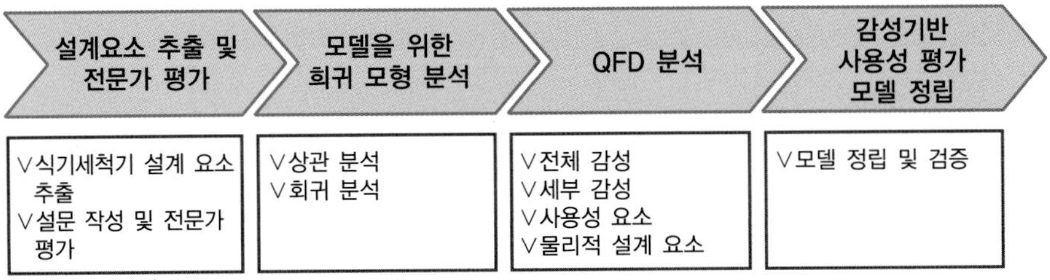

설계요소 추출 및 전문가 평가	모델을 위한 회귀 모형 분석	QFD 분석	감성기반 사용성 평가 모델 정립
∨식기세척기 설계 요소 추출 ∨설문 작성 및 전문가 평가	∨상관 분석 ∨회귀 분석	∨전체 감성 ∨세부 감성 ∨사용성 요소 ∨물리적 설계 요소	∨모델 정립 및 검증

그림 13-8 연구절차

수 있는 평가모델을 개발하고자 하였다.

먼저 감성연구가 진행되었는데, 이는 3가지 단계로 이루어졌다. 첫째, 식기세척기에 대한 감성만족감을 평가할 수 있는 감성어휘를 추출하여 감성평가 설문지를 개발하고 이를 이용해 식기세척기를 통해 느끼는 소비자의 감성을 분석하였다. 둘째, 감성을 기반으로 하여 소비자를 그룹화하고 소비자의 감성에 기초한 집단별 구매의도 및 구매력을 분석하였다. 셋째, 감성 회귀모형 분석을 통해 감성만족감에 영향을 미치는 전반적 감성어휘와 세부적 감성어휘를 도출하고 이를 통합연구에 적용하기 위한 기초로 삼았다.

다음으로 이루어진 QFD방법론을 활용한 사용성 평가 연구는 위에서 진행된 감성연구의 결과를 바탕으로 이루어졌다. 연구는 〈그림 13-8〉과 같이 4단계에 걸쳐 진행되었는데, 첫 번째 단계에서는 전문가그룹 토의를 통해 감성기반 사용성 평가모델에 적용할 식기세척기의 물리적 설계요소 총 31개를 추출하였으며, 이에 대한 설문지를 개발하고 상대적 중요도를 산출하기 위해 전문가 및 개발자들을 통해 평가를 실시하였다. 두 번째 단계에서는 사용성과 감성평가 데이터를 이용하여 회귀분석을 실시하고 감성기반 사용성 평가모델에 적용할 사용성 요소, 전체 감성, 세부 감성을 도출하였다. 세 번째 단계에서는 QFD방법론을 적용한 감성기반 사용성 평가모델에 사용될 전반적 감성 어휘, 세부 감성어휘, 사용성 평가요소, 물리적 설계요소에 대해 AHP기법과 상관분석을 실시하여 산출된 상대적 중요도와 다중회귀분석을 통해 주요한 요인들을 도출하였다.

마지막 단계에서는 QFD방법론을 통해 도출된 주요한 요인들을 분석하여 감성기반 사용성 평가모델을 정립하였으며, 도출된 주요 요인들의 영향력을 바탕으로 회귀식을 수립함으로써 최종적으로 감성기반 사용성 평가모델을 검증하였다.

연구 결과 도출된 식기세척기 디자인의 물리적 설계요소는 그 영향력 순서에
따라 알림음, 사이즈, 버튼 크기, 디스플레이-아이콘, 바의 간격, 버튼 간격, 레이
블-아이콘, 손잡이 형태, 버튼 모양, 촉각재질로 나타났다. 또한 연구에서는 도출
된 물리적 설계요소의 우선순위를 기준으로 식기세척기의 디자인 가이드라인이
제시되었다. 예를 들어, 알림음 측면에서는 새로운 알림음의 개발과 음소거 기능
등의 추가로 사용자들이 알림음을 선택할 수 있도록 하여 감성 만족감을 향상시
킬 수 있을 것이라는 결과가 나타났다. 빌트인형이나 슬림형 등 식기세척기의 사
이즈를 다양화함으로써 사용자의 감성을 만족시킬 수 있을 것이며, 버튼의 크기
및 버튼 간격 등은 추가적인 연구와 다양한 프로토타입의 평가를 통해 인간과학
적 디자인 설계가 필요할 것이라는 제언도 하고 있다.

본 연구를 통해 최종적으로 정립된 감성기반 사용성 평가모델은 소비자의 사용
성과 감성에 대한 체계적인 접근을 시도한 것으로, 제품 개발 시 소비자의 요구사
항을 보다 구체적이고 현실적으로 반영할 수 있는 접근방법을 제시하였다.

1장

권오경, 김희은, 나영주 (2000), 패션과 감성과학, 교문사.

김연민(역) (1996), 감성공학, 울산대학교 출판부.

댄힐 (2003), 감각마케팅, 이정명 옮김(2004), 비즈니스북스.

박정현 (2009), "마케팅과 뇌과학의 만남·뉴로 마케팅(2009. 2. 18)", LG Business Insight, pp.40 – 46.

이혜주, 이상만 (2006), 감성경제와 브랜드 디자인 매니지먼트, 형설출판사.

조길수 (2002), "감성의류 연구의 현황과 방법론", 한국생활환경학회지, 9(2), pp.195 – 205.

진위엔, 권종대, 홍정표, 김태호 (2008), "소비자 지향적 감성디자인과 창의성 속성과의 관계", 감성과학, 11(4), pp.481 – 488.

홍정표, 정수경 (2008), "창의적 디자인의 디자인 구성요소와 심미성요소 분석", 감성과학, 11(3), pp.387 – 397.

Khalid, H. M., & Helander, M. G (2006), "Customer Emotional Needs in Product Design", Concurrent Engineering, 14(3), pp.197.

Norman, Donald A (2004), Emotional design: why we love(or hate) everyday things. New York: Basic Books.

Patric W. Jordan (2000), Designing Pleasurable Products. London: Taylor & Francis.

Rolf Jensen (1999), The Dream Society: How the Coming Shift from Information to Imagination Will Transform Your Business. New York: Mcgraw – Hill.

김정화, 清水義雄 (1998), "미래 사회에서의 감성공학의 역할", 섬유기술과 산업, 4(2), pp.470 – 478.

三宅 晋司 (2001), 쾌적공학, 민병찬 옮김(2001), 시그마프레스.

田中直人, 見寺貞子 (2005), ユニバーサルファッション. 東京: 中央法規.

飯田健夫 外 (1995), 感じる－ここちを科学する. 東京: オーム社.

長町 三生 (1997), 感性工学のはなし. 東京: 日本規格協會.

日本経済産業省 (2007), 「感性☆きらり21報告書」－感性価値創造 イニシアティブ－第四の価値軸の提案－篠原 昭, 清水義雄, 坂本 朴(編著) (1996), 感性工学への 招待. 東京: 森北出版.

http://www.benettonkorea.co.kr
http://www.cloud9living.com
http://www.gucci.com

http://www.levi.co.kr

http://www.louisvuitton.kr

http://www.noton.co.kr

http://www.redcross.or.kr

http://prada-transformer.com

2장

구재선, 김혜리, 양혜영, 김경미, 정명숙, 이수미, 최현옥 (2008), "중학생의 마음 이해 능력과 사회적 상호
　　작용", Korea Journal of Social and Personality Psychology, 22(2), pp.17-33.

서울대학교 의과대학 (1992), 신경학. 서울대학교 출판부.

이승복, 김혜리 (2007), "마음이론의 신경 기초", Korea Journal of Social and Personality Psychology,
　　26(2), pp.39-62.

장대익 (2012), "거울 뉴런에 대한 최근 연구들", 정보과학회지, 30(12), pp.43-51.

Astington, J. W. (2003), Slaughter & Repacholi (de. 2003), Individual Differences in Theory of Mind;
　　Theory Mind and Social Functional. New York: Psychology Press.

Astington, J. W., Pelletier, J., & Homer, B. (2002), "Theory of mind and epistemological
　　development; The relation between children's second-order false-belief understanding and
　　their ability to reason about evidence", New Ideas in Psychology, 20(2), 131-144.

Believability and Interaction in Virtual Worlds

James W. Kalat (2004), 생물심리학. 김문수, 문양호, 박소현, 박순권 옮김 (2006), 시그마프레스.

K. H. E. Kroemer, et al. (1994), Ergonomics: how to design for ease and efficiency. Englewood
　　Cliffs, N. J.: Prentice Hall.

Lorin J. Elias and Deborah M. Saucjer (2005), 임상 및 실험 신경심리학. 김명선 옮김 (2007), 시그마프
　　레스.

Magnenat-Thalmann, N., Kim, H., Egges, A., & Garchery, S. (2005, January). Believability and
　　interaction in virtual worlds. In Multimedia Modelling Conference, 2005. MMM 2005. Proceedings
　　of the 11th International (pp.2-9). IEEE.

Rebecca Saxe, Laura E. Schulz, et al. (2002), Saxe & Baron-Cohen (ed. 2007), Theory of mind;
　　Dissociating theory of mind and executive control in the brain. Psychology Press.

Sigmund Freud (1917), 정신분석입문. 이규환 옮김 (2000), 육문사.

Starr C., Evers C.A. and Starr L. (2008), 생명과학 - 현재와 미래(2판), 김명선 옮김, 라이프사이언스.

飯田健夫, 柳島孝幸, 山崎起助, 羽根義, 滯谷惇夫 共著 (1995), 感じる - ここちを科学する. 東京: オーム社.

국립국어원 표준국어대사전

3장

Diane Ackerman (1990), 감각의 박물학. 백영미 옮김 (2007), 작가정신.

Derek Hall (2007), 인간의 몸. 김윤택, 서주현 옮김 (2007), 에코리브르.

손진훈 (1998), 피부감각의 감성측정 기술 및 DB개발. 과학기술부.

윤혜림 (2008), 색채지각론과 체계론, 도서출판국제.

이상호, 성호경 (1992), 생리학. 의학문화사.

大山 正 (2000), 視覚心理学への招待. 東京: サイエンス社.

4장

김호정, 김종학 (2007), "순서화 로짓모형(Ordered Logit Model): 설문조사에 적용되는 척도의 종류", 국토, 310, pp.94 - 102.

박광배 (2000), 다차원척도법, 교육과학사.

앨런 피즈, 바바라 피즈 (2004), 보디 랭귀지(상대의 마음을 읽는 비결), 서현정 옮김 (2005), 대교베텔스만.

이인석, 정민근, 기도형 (2002), "심리물리학적 방법을 이용한 다양한 하지 자세의 부하 평가", 대한인간공학회, 21(4), pp.47 - 65.

이재화 (2009), "제품 사용환경의 사용자 초기 감성 측정 시스템과 분석 도구 개발", 한국과학기술원 산업디자인학화과 석사학위논문.

이재화, 이건표 (2010), "제품 사용 환경의 사용자 초기 감성 측정 방법에 관한 연구", 감성과학, 13(1), pp.111 - 120.

최종성 (2002), 현대통계분석, 복두출판사.

정영해, 김순홍, 양철호, 조지현 (2003), 통계자료분석, 광주사회조사연구소.

James W. Kalat, Michelle N. Shiota (2007), 정서심리학, 민경환, 이옥경 외 3인 옮김 (2007), 시그마프레스.

Lang, P. J. (1980), Behavioral treatment and bio-behavioral assessment: computer applications. In J. B. Sidowski, J. H. Johnson, & T. A. Williams (Eds.), Technology in mental health care delivery systems, Norwood, NJ: Ablex, pp.119 - 137.

Mick M. (2003), Usability Magnitude Estimation. Proceedings of the Human Factors and Ergonomics Society 47th Annual Meeting, USA, pp.691 - 695.

Suk, H. J. (2006), Color and Emotion-a study on the affective judgement across media and in relation to visual stimuli, University of Mannheim: Dissertation.

Johnson, H. M. (1936), "Pseudo-mathematics in the social sciences", American Journal of Psychology, 48, pp.342-351.

Thorndike, E. L. (1918), "The nature, purposes, and general methods of measurement of educational products. In S. A. Courtis (Ed.)", The measurement of Educational Products 17th Year book of the National Society for the Study of Education, Pt.2., Bloomington, IL:, pp.16-24.

The Seventeenth Yearbook of the National Society for the Study of Education Part II: The Measurement of Educational Products, Public School Publishing Company Blooming, Illinois, pp.16-24.

岩下豊彦 (1983), SD法によるイメージの測定. 東京: 川島書店.

5장

이상돈, 성호경 (1992), 생리학, 의학문화사.

전세열, 황수관, 조수열 (1994), 생리학, 광문각.

Human Factors Modeling from Wearable Sensed Data for Evacuation based Simulation Scenarios)

Israel, S. A., Irvine, J. M., Cheng, A., Wiederhold, M. D., & Wiederhold, B. K. (2005). ECG to identify individuals. Pattern recognition, 38(1), 133-142.

Paletta, L., Wagner, V., Kallus, K. W., Schrom-Feiertag, H., Schwarz, M., Pszeida, M., Ladstaetter, S., & Matyus, T. (2014, July). Human factors modeling from wearable sensed data for evacuation based simulation scenarios. In Proceedings of the 5th International Conference on Applied Human Factors and Ergonomics (AHFE 2014), Krakow, Poland (pp.19-23).

高階経和 (2004), 心電図. 東京: インターメデディカ.

6장

구윤모 (1993), "Fractal과 Chaos", Chemical Industry and Technology, 11(6), pp.45-54.

김옥남 (2009), "고객 통찰력 확보를 위한 소비자 조사 기법", LG Business insight, pp.2-19.

제임스 글리크 (1993), 카오스-현대 과학의 대혁명, 박배식, 성하운 옮김 (2006), 누림 book.

폴 에크먼 (2003), 얼굴의 심리학, 이민아 옮김 (2006), 바다출판사.

Ekman, P. (1982), Methods for measuring facial action. In K. R. Scherer and P. Ekman (Eds.), Handbook of methods in Nonverbal Behavior Research, Cambridge: Cambridge University Press.

Ekman, P. & Friesen, W. V. (1978), Facial action coding system: A technique for the measurement of facial movement, Palo Alto, Calif.: Consulting Psychologists Press.

Hyejun Park, Se Jin Park, & Chul Jung Kim (2005), "A Study on Effects of Sleep Efficiency

Depending on 1/f Fluctuation of Sound", Journal of the Ergonomics Society of Korea, 24(2), pp.79-83.

Ishikawa, & Zhao (2002), "A Study on Speech Quality Improvement System by 1/f Fluctuation Theory", Proc. of IEICE, pp.A-4-22.

Sohn, J. H., Yi, I., Sokhadeze, E., Kim, J. E., & Choi, S. (1998), "The Effects of 1/f Music on the Psychophysiological Responses Induced by Stressful Visual Stimulation", Korean Journal of the Science of Emotion & Sensibility, 1(1), pp.135-143.

Voss, R., & Clarke, J. (1975), "1/f Noise in Music and Speech", Nature, 258, pp.317-318.

Jeon, Y. W., & Cho, A. (2005), "Effect of 1/f Fluctuation Sound on Comfort Sensibility", Journal of the Ergonomics Society of Korea, 25(4), pp.9-22.

McGee, M. (2003), "Usability Magnitude Estimatio", Proceedings of the Human Factors and Ergonomics Society 47th Annual Meeting, USA, pp.691-695.

三宅 晉司 (2001), 쾌적공학, 민병찬 옮김(2001), 시그마프레스.

7장
정영해, 김순홍, 양철호, 조지현 (2003), 통계자료분석, 광주사회조사연구소.
최종성 (2002), 현대통계분석, 복두출판사.

8장
매릴런 드롱 (1987), 복식조형을 보는 시각, 금기숙 옮김 (1997), 이즘.

이유진, 이경현, 조길수 (2016), "천연염색직물의 물리적 색채 특성과 심리적 감성 요인", 한국감성과학회지, 19(3), pp.3-14.

윤혜림 (2008), 색채지각론과 체계론, 국제.

지상현 (2007), 아름다움과 감성에 대하여 시각 예술과 디자인 심리학, 민음사.

최경원 (2007), 붉은 색의 베르사체 회색의 아르마니, 길벗.

최성운, 김경배 (2004), "디자인을 위한 비르크호프-G. D. Birkhoff의 미학적 카테고리로서의 척도와 인포메이션에 대한 고찰", 디자인, 17(4), pp.104-118.

Ahreum Han, Youngjoo Chae, Myungeun Lee and Gilsoo Cho (2011), Effect of color changes of NaCOC fibers on human sensory perception, Fibers and Polymers, 12(7), pp.939-945.

Moon, P., & Spencer, D. E. (1944), "Geometric formulation of classical color harmony", Journal of Optical Society of America, 34, pp.46-59.

Moon, P., & Spencer, D. E. (1944), "Area in color harmony", Journal of Optical Society of America, 34, pp.93-103.

Moon, P., & Spencer, D. E. (1944), "Aesthetic measure applied to color harmony", Journal of Optical Society of America, 34, pp.234-242.

Lee, E. Kim, I., & Cho, G. (2018), Visual Sensibility Evaluation of Korean Traditional Indigo-dyed Lyocell Fabrics, Coloration Technology, 134(4), pp.275-283.

Park, H. J., Koyama, E., Furukawa, T., Takatera, M., Shimizu, Y., & Kim, H. (2001), ""An impression evaluation model for apparel product retrieval based on image analysis", International journal of Kansei Engineering, 3(1/2), pp.11-18.

Youngjoo Chae and Gilsoo Cho (2012), Colorimetric properties and color sensibility of naturally colored organic cotton fabrics, Fibers and Polymers, 13(9), pp.1154-1158.

前田 昭一 (平成2年), "輪郭線 図形 視覚情報 処理", 信州大学校大学院 修士学位論文.

三井秀樹 (2005), NHKブックス882-形とは何か-, 東京: 日本放送出版協会.

9장

경기욱, 박준석 (2006), "햅틱스 기술개발 동향 및 연구 전망", 전자통신동향분석, 21(5), pp.93-108.

김지은, 박연숙, 오애령, 최상성, 손진훈 (1998), "직물촉각 자극에 의해 유발된 정서와 EEG특성", 감성과학, 1(1), pp.153-160.

손미숙, 신희숙, 박준석, 한동원 (2005), "착용형 컴퓨터를 위한 햅틱 기술 동향", 전자통신동향분석, 20(5), pp.149-155.

손진훈 (1998), 피부감각의 감성측정 기술 및 DB개발, 과학기술부.

손진훈, 이임갑 (1999), "직물 촉감 감성 연구의 심리, 생리학적 접근", 섬유산업과 기술, 2(4), pp.439-450.

신체 동작을 모사한 직물마찰음 발생장치의 개발 및 이를 이용한 직물 마찰음 평가

이선영, 홍경희, 이정순, 이예진, 김정화, 최상섭, 손진훈 (2000), "환경에 따른 여성외의용 심합섬 폴리에스테르 직물의 접촉감성", 한국의류학회지, 24(1), pp.77-86.

이은주 (2007), "전통 견직물의 촉각적 감성요인", 감성과학, 10(1), pp.99-111.

정상무, 나영주 (2003), "양모의 태에 따른 최적 재킷스타일과 감성", 한국의류학회지, 27(1), pp.67-77.

주정아, 유효선 (2004), "회귀분석과 ANFIS를 활용한 면직물의 시각적 질감에 대한 해석 비교-온난감을 중심으로-", 감성과학, 7(3), pp.15-25.

Y. Li, & A. S. W. Wong (2006), Clothing biosensory engineering. Cambridge: Woodhead Publishing Limited.

Jai O. Kim, & B. Lewis Slaten (1999), "Objective evaluation of fabric hand", Textile Research Journal, 69(1), pp.59-67.

Kyeong-ah Jeong, Seeun Jang, Jinhee Chae, Gilsoo Cho, & Gavriel Salvendy (2008), Use of decision support for clothing products on the web results in no difference of perception of tactile sensation than actuallly touching the material, International Journal of Human Computer Interaction, 24(8), pp.794-808.

Sueo Kawabata (1980), The standardization and analysis of hand evaluation (2nd ed.),The hand evaluation and standardization committee.

Youngjoo Chae, Myungeun Lee, and Gilsoo Cho (2011), Mechanical properties and tactile sensation of naturally colored organic cotton fabrics, Fibers and Polymers, 12(8), pp.1042-1047.

Su Min Lee (2004), 布の風合い評価における触診に動作に関する研究. 上田: 日本信州大学校 大学院 博士学位論文.

10장

양윤정, 박미란, 조길수 (2008), "스포츠웨어용 투습발수직물의 마찰음과 역학적 성질 간의 상관성", 한국의류산업학회지, 10(4), pp.566-571.

이규린, 이유진, 박해리, 조길수 (2013), 신체 동작을 모사한 직물마찰음 발생장치의 개발 및 이를 이용한 직물 마찰음 평가, 한국섬유공학회지, 50(4), pp.241-246.

이규린, 이지현, 진은정, 양윤정, 조길수 (2012), PTFE(Polytetrafluoroethylene)라미네이팅 투습발수직물의 총음압 최소화를 위한 필름 타입별 기본 특성과 역학 특성, 한국의류산업학회지, 14(4), pp.641-647.

이은주, 김춘정, 조길수 (2007), "왕복마찰에 의한 전통 견직물의 소리 특성", 한국섬유공학회지, 44(3), pp.172-182.

이은주, 조길수 (2000), "블라우스용 직물의 소리 특성과 태", 한국의류학회지, 24(5), pp.605-615.

이은주, 조길수 (2005), "한국 전통 견직물에 대한 한, 미 주관적 촉감의 비교", 한국감성과학회지, 8(4), pp.393-402.

이지현, 이규린, 진은정, 양윤정, 조길수 (2012), "스포츠웨어용 투습발수직물 소리가 심리음향학적 특성에 미치는 영향", 한국감성과학회지, 15(2), pp.201-208.

조길수, 이은주 (1999), "슈트용 직물의 스치는 소리와 물성간의 관계", 한국감성과학회지, 2(1), pp.157-168.

조자영, 이은주, 손진훈, 조길수 (2001), "직물 마찰음에 대한 심리생리적 반응", 한국감성과학회지, 4(2), pp.79-88.

조자영 (2006), 전투복 직물의 마찰 속도별 소리 특성과 역학적 특성이 가청 거리에 미치는 영향, 연세대학교 대학원 박사학위 논문.

진은정, 조길수 (2012), 태권도 도복 직물의 소리 특성과 역학적 성질, 한국의류산업학회지, 14(3), pp.486-491.

Chunjeong Kim, Yoonjung Yang, & Gilsoo Cho (2008), "Characteristics of sounds of generated from vapor permeable water repellent fabrics by low-speed friction", Fibers and Polymers, 9(5), pp.639-645.

Eugene Lee, Sangji Han, Kyung-hyun Lee, & Gilsoo Cho (2015), Comparison between fabric frictional sound parameters and wearers' subjective auditory sensibility of PCM-treated combat uniforms, Fibers and Polymers, 16(6), pp.1410-1416.

Eunjou Yi, Jayoung Cho, Gilsoo Cho, John G. Casali, & Gary S, Robinson (2004), "One-third octave band spectral characteristics and consumers' evaluation for sound of blouse fabrics", Proceedings of Human Factors and Ergonomics Society 48th Annual Meeting, USA, pp.956-960.

Gilsoo Cho, Jayoung Cho, Chunjeong Kim, & Jiyoung Ha, "Physiological and subjective evaluation of the rustling sounds of polyester warp knitted fabrics", Textile Research Journal, 75(4), pp.312-318.

Jihyun Lee and Gilsoo Cho (2014), Prediction models for audible distance using mechanical and psychoacoustic parameters of combat uniform fabrics, Fibers and Polymers, 15(3), pp.653-658.

Kyulin Lee and Gilsoo Cho (2014), The optimum coating condition by response surface methodology for maximizing vapor permeable water resistance and minimizing frictional sound of combat uniform fabric, Textile Research Journal, 84(7), pp.684-693.

Soomin Cho and Gilsoo Cho (2012), Minimizing frictional sound of PU-Nanoweb and PTFE film laminated vapor permeable water repellent fabrics, Fibers and Polymers, 13(1), pp.123-129.

Soomin Cho, Gilsoo Cho and Chunjeong Kim (2009), Fabric sound depends on fibers and stitch types of weft knitted fabrics, Textile Research Journal, 79(8), pp.761-767.

Yoonjung Yang, chunjeong Kim, Jangwon Park, Heecheon You and Gilsoo Cho (2009), Application of fabric frictional speeds to fabric sound analysis using water repellent fabrics, Fibers and Polymers, 10(4), pp.557-561.

Youngjoo Na, Tove Agnhage and Gilsoo Cho (2012), Sound absorption of multiple layers of nanofiber webs and the comparison of measuring methods for sound absorption coeffcients, Fibers and Polymers, 13(10), pp.1348-1352.

11장

민병찬, 정순철, 김상균, 오지영, 김혜주, 김수진, 김유나 (1999), "뇌파와 자율신경계 반응을 이용한 향의 영향 평가", 한국감성과학회지, 2(2), pp.1-10.

박상준, 김의용 (2014), "차량 내 미생물에 의해 생성되는 악취유발 화학물질의 분석", 한국생물공학회, 29(2), pp.118-123.

박해리, 조길수 (2015), "자율신경반응에 의한 방향성 의류소재의 힐링효과 평가", 한국감성과학회지, 18(2), pp.19-30.

서한석, 전광진, 권진환, 황인영, 강진규, 민병찬 (2007), "피험자의 후각 역치 고려 유무에 따른 후각 감성 비교", 한국감성과학회지, 10(2), pp.199-208.

우승정, 조길수 (2003), "방향성 소재 디자인을 위한 향과 색의 복합 감성 연구", 한국감성과학회지, 6(2), pp.37-47.

조길수 (2009), 의복과 환경, 동서문화원.

차태훈, 이경아 (2006), "온라인 쇼핑몰의 감각정보 제시가 지각된 품질 및 구매의도에 미치는 영향: 후각 정보와 미각정보를 중심으로", 한국경영정보학회지, 8(2), pp.155-172.

한아름, 양윤정, 조길수 (2009), "직물 마찰음의 주관적 평가에 시각적 변수가 미치는 영향", 한국감성과학회 추계학술발표회 논문집, pp.62-65.

Lee, M., Kim, C., Sarmandakh B., Cho, G., & Yi, E. (2018), Electroencephalogram and psychological response to fragrance and color of citrus unshiu scent-infused fabrics, Fibers and Polymers, 19(7), pp.1548-1555.

McQueen, R. H., Laing, R. M., Brooks, H. J. L., & Niven, B. E. (2007), Odor intensity in apparel fabrics and the link with bacterial population, Textile Research Journal, 77(7), pp.449-456.

Rodrigues, S. N., Martins, I. M., Fernandes, I. P., Gomes, P. B., Mata. V. G., Barreiro, M. F., & Rodrigue, A. E. (2009), Sentfashion: Microencapsulated perfumes for textile application, Chemical Engineering Journal, 149(1-3), pp.463-472.

Wang, C. X., & Chen, S. L. (2005), Aromachology and its application in the textile field, Fibers & Textiles in Eastern Europe, 13(6), pp.41-44.

Yan Liu, Fernando Tovia, John D. Pierce Jr, Jeff Dugan (2008), Scent infused textiles to enhance consumer experiences, Journal of Industrial Textiles, 37(3), pp.263-274.

13장

이상철, 김정희 외 (2006), 가전기기 보급률 및 가정용전력 소비행태 조사. 삼성경제연구소 2006년 가전기기보고서.

조길수, 최계연, 정경희, 이보람 (2005), 의류 손상 메커니즘 규명 및 감성평가법. (주) 삼성전자 지원 연구보고서.

조길수, 지용구, 최계연, 장세은, 채진희, 진범석 (2006), 식기세척기 사용성 평가를 위한 소비자 감성 연구. (주) 삼성전자 지원 연구보고서.

진범석, 최계연, 지용구, 조길수, 김경록, 이창희 (2007), "QFD를 이용한 식기세척기의 감성기반 사용성 평가 연구", 대한인간공학회, 26(3), pp.101-109.

한대영, 김현진, 전시문 (1999), "감성평가를 통한 식기세척기의 설계요소 추출", 한국감성과학회 춘계학술대회, pp.109-112.

Estlick, M. A., & Feinberg, R. A. (1999), Shopping motives for mail catalog shopping, Journal of Business Research, 45(3), pp.281-290.

Gilsoo Cho, Seeun Jang, Jinhee Chae, Kyeong-Ah Jeong, & Gabriel Salvendy (2007), Textile touch visualization for clothing E-business, Proceedings of Human Computer Interaction International, 4551, pp.1061-1069.

Hwang, W., Jung, H. S., & Salvendy, G. (2006), Internationalization of E-commerce: A comparison online shopping preferences among Korean, Turkish, and US populations, Behaviour & Information Technology, 25(1), pp.3-18.

Jeong, K., Jang, S., Chea, G., Cho, G., & Salvendy (2008), Use of decision support for clothing products on the web results in no difference in perception of tactile sensation than actually touching the material, Journal of Human-Computer Interaction, 24(8), pp.794-808.

Minjoo Paik, Myungeun Lee, Younghoo Chae, Jangwoon Park, Wongi Hong, Jeongrim Jeong, Heecheon You, and Gilsoo Cho, Textile touch visualization of naturally colored organic cotton(NaCOC) on internet shopping, The 11th Asian Textile Conference, 2011. 11. 01~04.

Beomsuk Jin, Yonggu Ji, Kyeyoun Choi and Gilsoo Cho (2009), Development of Usability Evaluation Framework with QFD: From Customer Sensibility to Product Design, Human Factors and Ergonomics in Manufacturing, 19(2), pp.177-194.

篠崎彰大 (1997), "ワコルの商品開発における感性工学が果たしている役割", 繊維学会夏季セミナー公演要旨集, 27, pp.105-108.

沼田喜四司 (1996), "感性工学的アプローチによるスポッツ用衣料の商品開発-ゴルフ用ポロシャッツの開発事例-", 繊維機械学会誌, 49, 12, pp.12-17.

平成20年度調査研究事 (2009), 感性価値創造に向けた人間工学的アプローチの可能性に関する調査研究. 企業活力研究所産業競争力研究センター, 東京.

저자 소개 | **조길수**

서울대학교 생활과학대학 의류학과(학사)
서울대학교 대학원 의류학과(석사)
미국 버지니아 공대(Virginia Polytechnic Institute and State University) 의류학과(Ph.D)
미국 버지니아 공대 의류학과 교환교수
미국 버지니아 공대 산업공학과 Auditory Systems Lab 교환교수
미국 퍼듀대학교 산업공학과 HCI Lab 교환교수
현재 연세대학교 생활과학대학 의류환경학과 교수

박혜준

창원대학교 자연과학대학 의류학과(학사)
동아대학교 생활과학대학 의류학과(석사)
일본, 信州大学(Shinshu University) 감성과학과(Ph.D)
표준과학연구원, 생활계측그룹, Post-doc.
충남대학교 생활과학연구소 연구교수
충남대학교 뇌과학연구소 연구교수
특허청 섬유생활용품 심사관
현재 특허청 주거생활용품 심사관

이유진

연세대학교 보건행정학과(학사)
연세대학교 의류환경학과(석사)
연세대학교 의류환경학과(Ph.D)
현재 연세대학교 의류환경학과 Post-doc.
　　　연세대학교 의류환경학과 강사

감성의류과학

2019년 3월 29일 초판 인쇄 │ 2019년 4월 5일 초판 발행

지은이 조길수 외 │ **펴낸이** 류원식 │ **펴낸곳** **교문사**

편집부장 모은영 │ **디자인** 황순하

제작 김선형 │ **홍보** 이솔아 │ **영업** 정용섭·진경민 │ **출력·인쇄** 동화인쇄 │ **제본** 한진제본

주소 (10881) 경기도 파주시 문발로 116 │ **전화** 031-955-6111 │ **팩스** 031-955-0955

홈페이지 www.gyomoon.com │ **E-mail** genie@gyomoon.com

등록 1960. 10. 28. 제406-2006-000035호

ISBN 978-89-363-1827-7(93590) │ 값 21,800원